DMZ
접경지
역사문화답사길

DMZ 접경지 역사문화답사길

지은이 김영준
펴낸이 임상진
펴낸곳 (주)넥서스

초판 1쇄 인쇄 2025년 6월 10일
초판 1쇄 발행 2025년 6월 25일

출판신고 1992년 4월 3일 제311-2002-2호
주소 10880 경기도 파주시 지목로 5
전화 (02)330-5500 팩스 (02)330-5555

ISBN 979-11-94643-47-0 13980

www.nexusbook.com

분단의 상처를 넘어, 평화의 가능성을 품다

DMZ 접경지
역사문화답사길

김영준 지음

넥서스BOOKS

"우리 국토의 DMZ와 접경지는 어떤 곳인가?"

이 책은 이 물음에서 첫발을 내디뎠다. 그리고 그 공간의 의미와 현재의 이야기를, 점차 변해가는 삶의 이야기를, 그곳을 이해해 가는 과정 속에 담았다. 그리하여 이 책은 필자와 함께 떠나는 DMZ와 접경지의 역사와 문화를 답사하는 여정이 될 것이다.

TV방송이나 뉴스에 자주 등장하는 DMZ는 무슨 뜻일까? Demilitarized Zone(비무장지대)의 약자이다. 기성세대들에게는 익숙한 단어겠지만 MZ세대나 청소년들은 DMZ와 비무장지대가 같은 의미라는 것을 모르는 이들도 꽤 있을 듯하다. 필자는 한반도 평화와 다가올 통일시대를 기대하며, 우리 사회 구성원들이 DMZ의 생태와 역사 그리고 그 주변 문화를 충분히 이해하고, 경험하고, 스스로 감상을 표현할 수 있으면 좋겠다는 바람을 가지고 있다.

역사를 안다는 것은 과거의 이해에 국한되지 않고, 미래를 그릴 수 있는 자신만의 시각을 갖춘다는 의미이기에 우리가 역사를 제대로 알고 올바른 역사인식을 지닌다면 인생의 큰 자산이 될 것이다. 특히 6·25전쟁과 분단, 남북 대립의 시기를 겪고 있는 한반도 역사를 이해하는 데 'DMZ'는 아주 좋은 표본이 된다. DMZ의 탄생과 70년 분단의 시간이 우리 역사에 매우 중요한 부분을 차지하기 때문이다. 이제 그 시대를 직접 겪은 세대들이 줄고 있으니, 더더욱 현재 시점에서 우리에게 중요한 의미로 부각되고 있다.

그런 우리에게 'DMZ의 공간'은 시간이 지날수록 점점 친숙해지고 있는 것 같다. DMZ에 관한 생태 조사가 진행되고 있고, DMZ의 가치에 대한 국민의 관심이 높아지면서 DMZ를 경험하는 기회가 점차 늘어나고 있다. 이제 DMZ는 낯설고 단절된 공간이 아닌 한반도의 한 연속적 영역으로 받아들여지고 있다. 우리는 다른 자연 생태와 비교할 수 없는 우수성을 가진 DMZ에 기대감과 자랑스러움을 동시에 가지고 있다.

DMZ는 천혜의 환경이 보전되는 곳이다. 70년간 갇힌 곳이기 때문이다. 철저하게 폐쇄되었던 DMZ는 분단과 소외, 단절을 상징하지만, 오랜 시간이 흐르면서 생태적 보호와 가치를 높이는 보전의 대상으로 여겨지고 있다. 따라서 미래 한반도의 평화 길목이자 새로운 통일 한국의 경제 중심지, 세계 생태 자원의 잠재력을 갖춘 지역이 이곳이다.

분단의 상징인 DMZ와의 심리적 거리감과 공간적 거리감이 좁혀질수록 더욱 선명하게 드러나는 곳이 또 있다. 바로 DMZ 아래 첫 동네인 접경지역이다. 접경지역은 DMZ와 서로 떼놓을 수 없는 한몸과 같은 공간이다. 서로 맞붙어 있고, 함께 탄생했다. 같은 시간을 함께하며 변화하기도 했다. 남북 관계의 온풍과 냉풍의 영향을 직접적으로 받는 곳이기도 하다.

접경지역은 DMZ와 가까이 붙어 있는 지역을 뜻한다. 일반적으로 접경지역에는 여전히 낙후된 군사 도시의 이미지, 군사적 긴장 지대라는 인식이 있다. DMZ와 가까운 공간이지만 서로 다른 인식으로 각인돼 있다. DMZ는 천혜의 생태 보물 창고로, 접경지역은 개발이 더딘 소외 지역으로 남아 있는 이유가 크다. 특히 현재의 접경지역은 위기에 놓여 있다. 접경지역은 군부대 주둔이 많아 군사 규제와 환경 규제, 상수원 규제 등 2중, 3중 규제를 안고 있는 지역이다.

이런 특수한 상황으로 발생한 이른바 '자영업 경제'와 군장병 위주의 상권 형성, 반복되는 남과 북의 긴장 관계 속에 교통망 확충이 부족했고, 새로운 기업의 유치와 육성에 한계를 가지고 있었다. 이 때문에 접경지역에 관한 일반적 인식은 단순히 DMZ 생태와 군사 도시라는 단편적이고 표면적 시각에 머물러 있는 면도 큰 듯하다. 이런 인식은 한국전쟁과 분단이 멀게만 느껴지는 지금의 우리에게 더욱더 깊을 것이다. 필자 역시 마찬가지이기 때문이다.

필자는 부족하지만 DMZ와 접경지역에 대한 이해와 새로운 관점을 소개해, 도약하는 한반도의 가치와 DMZ와 접경지역의 미래상을 되도록이면 많은 사람들과 공유하고 싶다. 이책을 통해 DMZ와 접경지역에 관한 이해가 한층 높아지길 바란다.

김 영 준

PART 01 DMZ, 휴전이 만든 완충 공간

휴전이 만든 완충 공간이자 생태 가치의 보고인 DMZ에 대한 이야기를 담고 있다. DMZ의 공간적 의미와 현재의 모습, 과거의 모습을 서해 임진강에서 동해 고성까지 DMZ의 공간적 위치와 그 안에서 살아가는 삶의 모습을 바라보았다. 또 DMZ에 사는 동식물의 종류와 특색이 우리에게 주는 의미를 되짚어보았다. DMZ와 그 주변에 분포하는 우수한 환경 자원을 현재의 관점에서, 또 미래 통일시대를 준비하는 관점에서 어떻게 보호·활용해야 하는지를 답사하듯 구체적인 사례를 통해서 살펴보았다.

PART 02 접경지, 분단의 경계에 있는 공간

DMZ 아래 첫 동네인 접경지역에 관한 정보를 담았다. 접경지역의 위치와 특성, 역사, 현재의 변화 모습, 접경지역 주민들의 사는 이야기, 미래의 희망 등. 분단의 시간이 길어질수록 점점 희미해지는 접경지역의 모습을 간접적으로 체험해 볼 수 있도록 했다. 강원 접경지역과 경기 접경지역, 접경지역의 현재 모습과 과거 그리고 변화하는 DMZ와 접경지역의 모습을 구체적으로 소개했다. 지역의 특색을 간직한 채 다양한 색으로 변신하는 모습과 그러한 시도들,

주민들의 노력 등을 마을 시설과 산업, 경제 등 다양한 분야에 걸쳐서 이야기해 보았다.

PART 03 접경지 역사문화답사길

DMZ와 가장 가까운 국토인 접경지역의 곳곳을 그곳의 역사·문화와 함께 답사해 보는 과정을 실었다. 지역의 새로운 관광지와 널리 알려지지는 않았지만 역사와 문화, 지역의 특성을 담고 있는 장소들을 소개했다. 강원도 접경지역과 경기·인천 접경지역은 유사하지만 전혀 다른 답사길이다. 남북 간의 대립의 아픔과 새롭게 재해석되고 있는 관광지와 관련된 이야기를 사진과 함께 담았다.

차례

← PART 01 DMZ, 휴전이 만든 완충 공간 →

← PART 02 접경지, 분단의 경계에 있는 공간 →

← **PART 03** 접경지 역사문화답사길 →

01 우리가 경험한 작은 통일

DMZ 산불 진화 | 화살머리고지 남북 지휘관 악수 | 평창 동계올림픽 | 개성공단 | 철원 평화산업단지 | 동해북부선 강릉-제진 구간 착공

02 세계 접경지역 현황

홍콩-중국 선전(심천) 경제특구 | 구 동·서독 간 국경 지역 그뤼네스반트 | 싱가포르-조호르-리아우 성장 삼각형 | 미국-멕시코 '마낄라도라' 프로그램

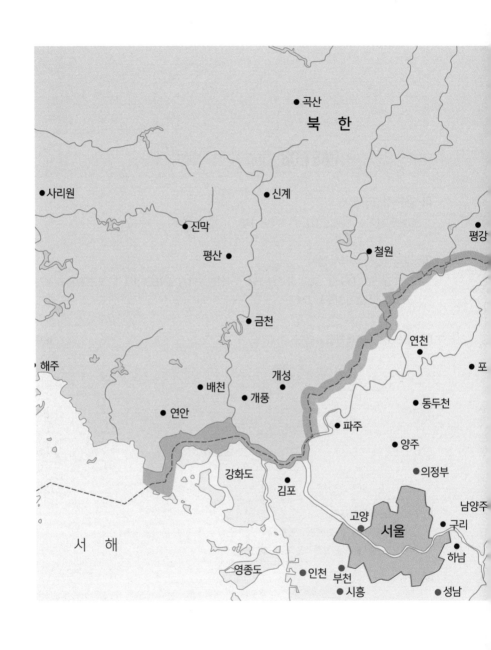

곡산

북 한

사리원

신계

진막

평강

평산

철원

금천

연천

포

해주

배천

개성

동두천

연안

개풍

파주

양주

의정부

강화도

남양주

김포

고양

서울

구리

하남

서 해

영종도

인천

부천

성남

시흥

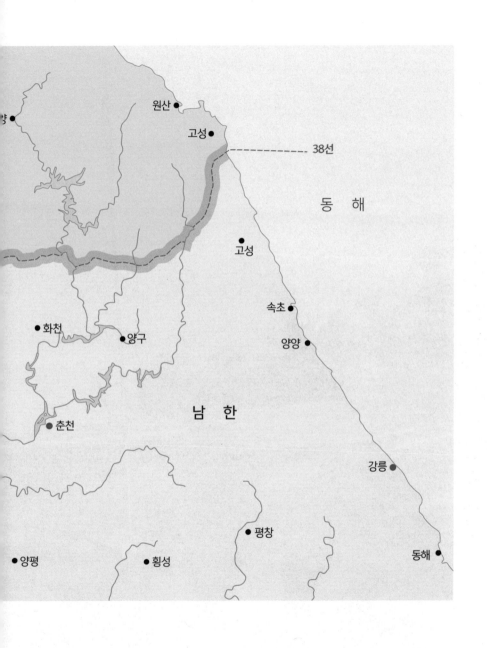

DMZ는 '6·25전쟁'과 '분단' 그리고 '생명의 보물 창고'라는 의미를 가지고 있다. 어느 측면에서 바라보느냐에 따라 의미의 비중이 달라지지만 어느 측면에서 보더라도 그 의미는 분명한 곳이다.

DMZ는 1950년 발발한 6·25전쟁의 휴전으로 생겨난 공간이다. 비무장지대다. 참혹한 전쟁을 다시 시작하지 않기 위한 최후의 완충 지대로 설정됐다. 이처럼 군사적 완충 지대이기에 그 안과 주변에는 살상 무기, 비인도적 살상 무기인 지뢰가 뿌려졌다. 그 지뢰는 지금도 여전히 DMZ와 그 인근에 자리잡은, 보이지 않지만 그래서 더욱더 위협적인 존재로 남아 있다.

그리고 '분단'이다. 남과 북은 DMZ를 경계로 분단됐다. 한 공간이었지만 이제 서로 오갈 수 없는 경계가 생긴 것이다. 민족 분단이다. 분단 이후 오랜 세월이 지나며, DMZ라는 경계의 공간 안에서는 생명의 보물들이 움트기 시작했다. 가파른 속도로 산업화와 도시화가 진행되면서 우리 주변에서 사라져간 희귀 식물과 동물들이 사람의 간섭 없는 DMZ 안에서 평화롭게 서식하게 된 것이다.

이처럼 다양한 모습이 공존하고 있는 DMZ의 활용 가치를 헤아릴 때 가장 먼저 떠오르는 것이 생태적 가치다. 오로지 군사적 관점만을 생각한다면 DMZ는 그대로 놓아둘 수밖에 없는 폐쇄적 공간으로, 활용이 불가능하다. 하지만 생태적 활용의 가치는 무궁무진하다. DMZ의 환경 조사에서 밝혀졌듯이 수많은 희귀 식물이 살고, 쉽게 볼 수 없는 산양과 사향노루, 반달가슴곰, 삵, 두루미 등 지금은 사진 속에서나 볼 수 있는 멸종 위기 동물들이 그곳에 있기 때문이다.

이 때문에 DMZ의 생태 자원을 보호하고, 또 활용하기 위한 우리의 노력이 어떤 관점에서 진행되고 있는지, 또 어떠한 방향으로 설정해야 하는지가 현재의 DMZ를 바라보는 가장 중요한 포인트이다.

DMZ로
가는 길

고석정과 한탄강 주상절리, 직탕폭포.

강원도 철원군 한탄강 일대에서는 탁 트인 풍경을 마주하게 된다. 그 모습을 오래 두고 간직하기 위해서 보고, 느끼고, 사진으로 담는 이가 많다. 초록빛 나무와 논에 쌓아둔 돌담, 굽이굽이 이어지는 현무암까지 꾸밈없는 자연 그대로의 모습이다.

한탄강은 북한 강원도 평강에서 시작해 남한 강원도 철원군과 경기도 연천을 거쳐 임진강과 합류하는 큰 하천이다. '한탄'이란 '서러워 한탄하다'의 뜻이 아니다. '한 여울', 즉 '큰 여울'을 뜻하는 말이다.

철원 한탄강이 휘돌아 흐르는 고석정. 고석정 바로 옆에 있는 축구장 30개 크기의 고석정 꽃밭, 한탄강이 크게 굽어지면서 협곡을 이룬 순담계곡, 신철원 시외버스터미널을 중심으로 한 철원 상점가 등을 둘러보며 지

01 강원도 철원 은하수교 위에서 바라본
   한탄강 현무암 주상절리 풍경
02 한겨울에 꽁꽁 얼어붙은 강원도 철원의 직탕폭포
03 철원 유네스코 생물보전지역

역의 정취를 즐길 수 있다. 특색 있는 지역 먹거리까지 먹고 나면 행복감은 배로 늘어난다.

이 지역들은 세월의 역사와 지역의 문화를 오감으로 느낄 수 있는 특별한 여행지이다. 그야말로 도심 관광지에서는 느낄 수 없는 자연을 있는 그대로 접하는 '생태 관광지'이다. 또, 관광지라 안전하게 즐길 수 있는 정돈된 풍경들이 도처에 가득하다.

나들이하기 좋은 계절, 여유로운 주말이면 전국에서 온 관광객들이 여유롭게 거닐고, 사진을 찍으며, 즐거운 시간을 보내는 것을 목격할 수 있다.

고석정에서 발길을 북쪽으로 이어가면 낯선 공간이 펼쳐진다. 철원 고석정이 최전방 접경지역이라는 사실을 실감케 하는 곳이다.

고석정 관광지에서 직선거리로 10km가량 떨어진 곳에 '민간인 통제선'이 있다. 군사적 목적으로 민간인의 접근이 통제되는 지역이다.

민간인 통제구역 안으로 들어가는 길목에서는 군부대 초소가 그곳을 지키며 까다로운 출입 절차를 진행한다. 비무장지대인 DMZ와 맞닿아 있는 '남방한계선'까지는 접근할 수 없다. 최전방 군사 지역이기에 이렇듯 군사적 목적의 경계를 기준으로 구역을 나누어 관리되고 있다.

이 지역을 여행하다 보면 민간인 통제선, 접경지역, DMZ, 남방한계선 등 우리 일상과 거리가 먼 낯선 용어가 가득하다. DMZ 이야기를 본격적으로 시작하기에 앞서 용어들을 먼저 살펴보자.

군사분계선 (MDL)

1953년 7월 27일 휴전협정이 체결되면서 그어진 군사 행동의 경계선이다. 이 선을 경계로 남북 양쪽 2km의 비무장지대(DMZ)가 설정되었다. 무장할 수 없는 공간이다. 군사분계선은 6·25전쟁 휴전 당시 점령하고 있던 지역을 기준으로 설정됐다. 휴전선의 길이는 총 250km에 이른다.

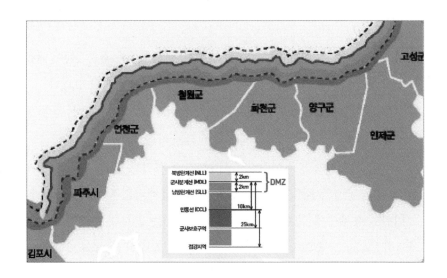

비무장지대 (DMZ)

군사분계선에서 남북 양쪽으로 2km 떨어진 공간을 비무장지대, DMZ라고 한다. 오랜 시간 사람의 활동이 없었기 때문에 자연 그대로 보존된 '생태의 보물 창고'로 일컬어지고 있다.

남방한계선 (SLL)

군사분계선에서 남쪽으로 2km 떨어진 지점이다. 더 이상 북쪽으로 나아갈 수 없는 경계선이다. 흔히 TV 뉴스에서 철책선에서 경계 근무하는 장병들이 보이는 곳이 바로 남방한계선이다.

민간인 통제선 (CCL)

남방한계선에서 8km 아래, 군사분계선에서 10km 아래 지점을 가리킨다. 원칙적으로 군사적 목적 외에 민간인이 출입할 수 없는 지역을 뜻한다. 하지만 일부 영농 활동 등을 위해 특별히 제한된 범위 안에서 마을 주민 등 민간인 출입이 가능하다. 민간인 통제선을 지나기 위해서는 엄격한 군부대 출입 허가를 받아야 한다.

접경지역

우리에게 낯선 듯 낯설지 않은 공간이다. 민간인 통제선과 인접한 지역을 말한다. 통상적으로 크고 작은 군사적 제약 속에서 주민들이 살아가는 행정구역의 단위로 정의된다. 쉽게 DMZ 남쪽 주민이 살고 있는 지역의 행정 단위라고 할 수 있다. 통상적으로 강원도의 철원군, 인제군, 화천군, 양구군, 고성군, 경기도의 김포시, 파주시, 연천군, 인천광역시의 옹진군, 강화군이 접경지역으로 분류된다.

전쟁과 분단은
현재진행형

한반도는 1945년 8월 15일 일제에서 광복되었다. 그토록 그리던 광복 소식에 새로운 나라를 건설할 희망이 생겨나고, 해외에서 활동하던 독립 운동가도 고향으로 돌아오기 시작했다.

하지만 한반도는 남과 북으로 갈라졌다. 일본의 패망과 함께 한반도에 들어온 미국과 소련이 지리적으로 중요한 위치에 있는 한반도를 상대가 차지하는 걸 막고자 자기들 마음대로 북위 38도선이 지나는 곳을 기준으로 한반도를 둘로 나눴다. 남한에는 미군이, 북한에는 소련군이 주둔했다.

이후, 1946년 미소공동위원회, 1948년 남북협상 등 통일정부 수립을 위한 노력이 있었지만 실패했다. 그 결과 남한은 1948년 5월 10일 유엔 감시 아래 단독으로 총선거를 실시해 1948년 8월 15일 대한민국 정부 수립을 선포했다. 북한도 같은 해 총선거를 통해 조선최고인민회의를 구성

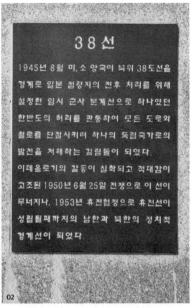

01 강원도 인제군 38선 표지석
02 표지석의 설명판

하고, 9월 9일 김일성을 수상으로 선출해 조선민주주의인민공화국을 수립했다.

얼마 지나지 않아 1950년 6월 25일 일요일 새벽, 북한이 선전 포고 없이 남한을 기습 공격하며 6·25전쟁이 시작됐다. 북한은 전쟁 시작 3일 만에 서울을 점령하고, 남쪽으로 돌진했다. 남침 한 달 만에 충청도와 전라도까지 내려와 두 달 뒤에는 한반도 대부분을 차지했다. 남한에 남겨진 땅은 경상도 일대 낙동강 이남 정도였다.

다급해진 이승만 대통령은 미국에 긴급 도움을 요청했고, 미국의 요청으로 소집된 유엔의 안전보장이사회에서 파병이 결정됐다. 유엔의 결의에 따라 16개국에서 한반도로 연합군을 보냈다. 맥아더(Douglas MacArthur) 미군 최고사령관이 이승만으로부터 국군 통솔 작전 지휘권을 넘겨 받아 6·25전쟁을 지휘하기 시작하며 남북한의 전쟁은 국제전 양상으로 진행됐다.

6·25전쟁의 판세가 바뀐 것은 1950년 9월 15일 연합군이 맥아더 지휘 아래 인천에 상륙한, '인천상륙작전'의 성공 때문이다. 인천에 상륙한 연합군과 국군은 북한군의 허술한 경계를 틈타 서울까지 진격했다. 38선을 넘어 1950년 10월 19일에는 평양을 함락했다. 이후 압록강까지 거침없이 올라가 한반도 전역을 차지했다.

하지만 뜻밖의 복병이 나타나 전세는 다시 뒤집혔다. 중국이 6·25전쟁에 참전하여 북한군을 지원하기 시작한 것이다. 연합군과 국군은 중공군에게 밀려 거듭 후퇴했다. 함경남도의 흥남 부두에는 남쪽으로 피난 가려는 주민 10만 명이 모여 북새통을 이뤘다고 한다. 이때 수많은 부모와 형제자매가 헤어져 오랜 세월 서로 생사조차 알지 못하는 아픔을 겪어야 했다.

남한은 중공군의 공세로 한강 아래로 밀려났다가 다시 서울을 되찾았다. 이때부터 남한과 북한은 38선을 사이에 두고 공격과 방어를 반복하며 안타까운 사상자만 늘어나는 전투를 이어갔다. 이에 휴전 이야기가 나오기 시작했다. 휴전 협상이 진행되는 동안에도 남과 북은 작은 땅이라도 더 차지하려고 치열한 전투를 이어갔다. 2021년 11월 6·25전쟁 전사자 유해 발굴 과정에서 이등병 유해가 발굴된 강원도 철원 백마고지 피의 접전지가 대표적이다.

결국 남한이 빠진 채 1953년 7월 27일에 휴전협정이 맺어졌다. 1,129일 동안 일어난 비극적 전쟁이 마침표를 찍은 것이다. 휴전협정에는 클라크(Mark Wayne Clark) UN군 총사령관, 김일성 북한 인민군 최고사령관, 펑더화이 중공군 사령관이 서명했다. 이 협정으로 6·25전쟁이 중단되고 남한과 북한은 휴전 상태에 들어갔다.

남북한 사이에는 무력 충돌을 막기 위해 비무장지대와 군사분계선이 설치되었다. 비무장지대에서는 무기나 군사 시설을 이용한 무장이 금지됐다. 1953년 7월 27일 휴전협정으로 당시 남북의 점령지를 기준으로 휴전선이 새롭게 정해졌다. 이에 따라 1945년 8·15 광복 직전 미국과 소련이 일본 점령지의 전후 처리라는 평계로 임시로 설정한 북위 38도선(38선) 기준으로 남한에 속하던 개성이 1953년 휴전협정 이후 북한에 속하게 되었고, 경기도 연천군, 강원도 고성과 철원, 인제, 양구 등 강원도 일부 지역이 남한이 되었다. 이른바 수복 지구다.

DMZ의 여전한 상처, 지뢰

민간인 출입 통제선 북쪽에 있는 마을, 이른바 '민북마을'인 철원군 동송읍 이길리 등 최전방 지역에는 폭우가 내려도 바로 복구를 시작할 수 없다. 2차 피해 불안감 때문이다. 2차 피해는 '유실 지뢰'가 원인이다. 폭우로 DMZ 인근에 묻힌 지뢰가 물길을 따라 철원 최전방 지역 곳곳으로 흘러 내려올 수 있기 때문이다. 이 때문에 피해 지역 복구보다 군부대가 긴급 출동

01 강원도 철원군 민통선 지역의 지뢰 경고 팻말
02 강원도 철원군 백골부대 인근 상징 조형물

해 지뢰 탐지 작업이 먼저 이뤄져야 해서 수해 복구가 지연되기도 한다. 실제로 유실된 지뢰가 잇따라 확인되어, 지뢰는 DMZ에 여전한 상처로 남아 있다. 강원도 철원군의 야산과 계곡 곳곳에서 출입 금지를 알리는 팻말과 마주하게 된다. 지뢰 매설 경고 표지판이다.

"지뢰 매설 지대, 위험하니 들어가지 마시오."

최전방 지역에는 지뢰가 없다고 판명되지 않은 지뢰 미확인 지대가 넓게 분포한다. 이 때문에 강원도 철원 주민들에게는 혹시 모를 공포감이 도사리고 있고, 오래전부터 '길이 아니면 가지 마라!'는 불문율이 전해진다.

이는 살상 무기 '지뢰' 때문이다. 눈에 보이지 않도록 땅속에 매설된 무기인 지뢰로 희생당한 사람들은 군인만이 아니다. 민간인 지뢰 피해도 크다. 지뢰로 인한 피해는 전쟁 때에 그치지 않고, 그 후 일상에서 더 자주 일어나고 있다는 의미다.

1997년부터 민간인 지뢰 피해자 지원 활동을 하는 사단법인 '평화나눔회'가 실시한 전국 지뢰 피해자 전수 조사 결과(2021년 3월 기준)에 따르면

01 강원도 철원군 동송읍에 폭우가 내려 흙탕물로 변한 범람 직전의 한탄강 모습
02 철원 은하수교 유리로 본 한탄강

1953년 휴전 이후 지뢰 사고로 죽거나 다친 민간인 수는 1,171명에 이른다. 사망자가 548명, 부상자가 623명이다.

특히 13살 이하 어린이 지뢰 피해자는 301명으로, 전체 지뢰 피해자의 26%에 이른다. 전체 연령대에서 가장 높은 비율로, 지뢰의 최대 피해자는 어린이인 것이다. 14살부터 19살까지 청소년 피해자도 전체의 12%인 136명으로 조사됐다. 어린이와 청소년 연령대 피해자가 전체의 38%를 차지하는 셈이다. 이는 지뢰로 인한 피해가 전쟁과 직접 관련된 것보다 전쟁과는 거리가 먼 현재의 일상에서 더 자주 일어난다는 것을 보여 주는 수치이다.

북한의 목함지뢰와 남한과 미군이 매설한 M14 대인지뢰로 인한 피해가 지뢰 사고의 대다수를 차지한다. 목함지뢰는 나무로 된 상자에 폭약을 넣은 형태이기에 부력이 있다. 그래서 폭우가 내리면 불어난 물을 따라 민가로 흘러드는 일이 종종 발생한다.

하지만 M14 대인지뢰는 목함지뢰와 사정이 다르다. 110g 안팎으로 가

군 장갑차가 일반 차들과 함께 도로를 지나가고 있는 모습

뼈고, 크기가 작아 인식하기가 어렵다. 몸체가 플라스틱으로 되어 있어서 지뢰 탐지기로도 탐지하기 어렵다. 크기가 작아서 폭우 등으로 지뢰 매설지가 훼손되면 지뢰가 어디로 이동했는지 모를 만큼 주변으로 흩어질 가능성이 큰 것도 문제다.

M14 대인지뢰는 밟아서 폭발하면 발목을 절단해야 생명을 건질 수 있다고 해서 발목지뢰라고도 불린다. 폭약의 폭발 방향이 수직이기 때문에 밟는 순간 발목부터 뼈가 산산조각 난다. 무엇보다 총에 맞는 부상과 달리 사람이 움직일 수 없도록 발을 심하게 다치게 하므로 최소한의 비용과 위력으로 피해자를 전투력에서 제외시켜 버리기에 전쟁에서 대량으로 사용되어 왔다. 그런 목적 때문에 M14 대인지뢰는 교묘히 어딘가 발견하기 어려운 지대에 파묻어둔 경우가 많다. 폭발하기 직전까지 존재를 알 수 없어 더욱 잔인한 무기다. 지뢰를 밟았다가 발을 떼는 순간에야 파괴력이 드러난다. 발가락이나 발목, 다리를 절단해 사람을 움직일 수 없게 하는 야만적

인 무기이다.

유엔(UN)과 국제적십자사에 따르면 전 세계 60여 개 나라에 1억 개가 넘는 대인지뢰가 사용되거나 방치돼 있다고 한다. 지뢰는 DMZ와 6·25전쟁의 고통을 상징하는 대표적인 무기이기도 하다. 남북한 군대가 6·25전쟁 이후 70여 년간 대치하면서 DMZ에 지뢰를 매설했기 때문이다.

지금도 DMZ에 산불이 발생하면 땅에 묻힌 지뢰가 종종 폭발한다. 최전방 철책을 감시하는 군장병들은 텅 빈 곳에서 터지는 지뢰 폭발음이 대형전차 10여 대의 폭음보다 더 크게 허공을 울려 소스라치게 놀란다고 한다. 장병들은 폭우가 내릴 때면 지뢰가 어디로 흘러 들어갔을지 모르기에 수색과 정찰 작전에 불안을 느끼기도 한다.

평화와 통일시대를 대비한 지뢰 제거 작전이 계속되고 있지만 기술적 한계와 예측 불가능한 높은 위험 때문에 더디 진행되고 있다. 국방부는 독자적으로 전국에 산재한 미확인 지뢰 지대를 샅샅이 파헤쳐 지뢰를 제거하기까지 앞으로 최소 200년 이상 걸릴 것으로 추산하고 있다. 현재 진행되고 있는 군 당국의 지뢰 제거 속도를 고려해 추산한 기간이다.

우리나라에 지뢰가 가장 많이 묻힌 곳이 바로 DMZ와 민통선 주변 그리고 접경지역이다. 이 때문에 특히 민통선 주변과 접경지역에 사는 주민들에게는 지뢰에 대한 경계심이 높다. 마을 주변 길거리와 하천과 계곡, 산속에 남모르게 매설된 지뢰가 순식간에 터지면서 생명을 잃거나 다리, 팔, 눈을 잃은 형제와 이웃을 가까이에서 봐왔기 때문이다.

대한민국 지뢰 피해자들은 장애를 지니고, 지뢰 피해 신체 부위에서 오는 고통을 수십 년 동안 견디며 지내고 있다. 그렇다고 지뢰 피해에 대한

적절한 보상을 받는 경우도 드물다. 개인의 실수로 치부되기 일쑤였기 때문이다, 지뢰를 매설한 국가를 원망할 수도 없이 장애를 안고 살아가는 경우가 많다.

2015년 4월 시행된 「지뢰 피해자 지원에 관한 특별법」으로 지뢰 피해 정도에 따라 일부 보상이 시작되긴 했지만 오랜 세월 받아온 고통을 일부 금전적 보상으로 온전히 위로받기는 어렵다. 이처럼 지뢰 피해는 현재 진행형이기 때문에, '길이 아니면 가지 마라!'는 불문율은 여전히 유효하다.

2021년 11월 경기도 김포의 한 군부대에서 수색 정찰 임무를 수행하던 군 간부가 지뢰 폭발로 의심되는 사고로 다치는 등 지금도 강원도와 경기 접경지역에서는 지뢰 폭발 사고가 끊이지 않는다.

한반도의 지뢰 제거는 남한만의 노력으로 해결될 수 없다. 남과 북이 공유하는 공간, 남과 북의 손이 닿지 않는 공간인 DMZ와 그 주변에 있는 지뢰를 제거하는 데는 한반도 전체의 협력이 필요하다.

이와 같은 협력 사례로 2018년 10월부터 군사분계선에 위치한 철원 화살머리고지에서 공동 유해 발굴을 위해 남과 북이 힘을 합쳐 전술도로를 만든 일을 들 수 있다. 전술도로는 군사적 목적으로 군 병력이나 장비를 이동하는 데 필요한 도로로, 1953년 정전 협정 체결 이후 남과 북이 전술도로를 만든 것은 처음 있는 일이었다.

전술도로를 안전하게 만들기 위해 남과 북이 작업을 함께한 것처럼 향후 DMZ 지역 지뢰 제거도 서로 협력해서 완수해야 할 것이다. 평화와 통일시대를 위해 남과 북의 협력은 필수적이다.

전사자 유해 발굴은 작업이 아닌 작전

DMZ는 6·25전쟁의 참혹함과 단절된 분단의 현실을 상징한다. 한반도에는 6·25전쟁의 격전지에서 희생한 호국선열을 추모하기 위한 전적비(큰 공을 이루었을 때 기념하기 위해 세운 커다란 비석)와 기념비가 세워졌다. 현재는 후배 국군장병들이 전쟁의 포화 속에서 산화한 6·25전쟁 용사 유해를 찾는 전사자 유해 발굴로 추모를 이어가고 있다.

DMZ와 직선거리로 불과 4~5km 떨어져 있는 강원도 인제군 서화면에 고성재가 있다. 고성재는 남방한계선 인근에 위치해 있고, 유엔사령부(UN)의 허가 없이는 갈 수 없는 곳이다.

6·25전쟁의 격전지 중 한 곳인 854고지는 1953년 1월 12일부터 7월 18일까지 국군이 공격하는 북한군 5개 대대에 치명적인 타격을 가해 방

01 비석으로 남아 있는 강원도 인제 민통선 안
   고성재 854전적지
02 전적 안내문이 상세히 적혀 있는 전적비

어 진지를 확보하는 데 성공한 전투가 벌어진 곳이다. 이 전투의 숭고한 의미를 기리기 위해 1967년 8월에 국방부와 인제군이 힘을 모아 고성재 정상에 3m 높이의 전적비를 세웠다.

또 다른 6·25전쟁 격전지였던 곳이 백마고지다. 2021년 11월, 강원도 철원군 비무장지대 내 백마고지에 있는 작은 참호에서 6·25전쟁 때 전사한 이등병 유해가 발굴됐다. 적군의 포탄과 총알을 피해 참호에 기댄 채 사격 자세를 취한 모습이었다. 유해와 함께 구멍 뚫린 방탄모와 군번줄, 국군 일등병(현 이등병) 계급장도 발굴됐지만, 누구인지를 알려주는 인식표는 나오지 않았다.

2021년 6월 유엔사령부의 허가를 받아 6·25전쟁 기념일을 앞두고, 국방부의 유해 발굴이 민간인 통제선 내에서 진행됐다. 이곳은 남방 한계선과 매우 인접해 있는 곳이고, 중요 군사 시설이 설치돼 있어 유엔사령부의 관할 지역으로 분류돼 있다. 전사자 유해 발굴은 오로지 군장병의 정성과 사명감으로 이뤄지고 있다. 강원도 인제 민간인 통제선에서도 더 들어간, 험한 산 능선에서 유해 발굴 작업을 하던 병사는 이렇게 말했다.

"작업이 아닌 작전입니다."

'작업'이라고 하면 안 된다는 따끔한 일침이다. '유해 발굴 작전'에 투입된 군장병들은 차량이 다닐 수 없는 비무장지대 인근 당시 격전지까지 수 km를 걸어야 한다. 6·25전쟁 당시 산화한 선배 전우를 찾는 '작전'은 열악하고, 험난하다. 사명감 없이는 어려움이 배가 될 것이다. 이 사명감으로 무더위 속에서도 전우의 유해를 찾는 손길이 멈추지 않는 것이다.

국방부 유해 발굴 감식단이 2000년부터 2021년까지 수습한 유해는

12,930구다. 1년 전인 2020년 12,567구에서 363구 늘었다. 그중 국군 전사자 유해가 11,174구로 가장 많고, 1,700여 구는 북한군이나 중공군의 유해였다. 6·25전쟁에 참전했다가 산화한 군장병은 13만 7천여 명에 이른다. 나라를 위해 하나밖에 없는 목숨을 바쳤지만, 12만 3천여 호국 용사의 유해가 수습되지 못한 채 어딘지 모를 산야에 여전히 남아 있다. 그들을 찾아 조국의 품으로 모시는 국가적 숭고한 호국 보훈 사업이 6·25전사자 유해 발굴 작전이다.

6·25전쟁 휴전 이후 많은 시간이 흐르면서 유해 발굴도 더 어려워지고 있다. 전사자 관련 자료 부족으로 유해 매장 위치 확인이 어렵고, 지역 주민과 참전 용사의 사망과 고령화로 결정적인 증언을 구하는 게 힘들어졌기 때문이다. 또, 국토 개발에 따른 지형 변화로 당시 전투 현장이 심각하게 훼손되었다.

6·25전쟁 격전지였던 남방한계선 인근에서 바라본 DMZ 모습

DMZ, 서로 다른 모습이 공존하는 곳

강원도 화천군 상서면 산양리에는 최전방 철책을 지키는 부대가 있다. 유엔사 관할 지역이기도 한 철책부대에서는 하루 24시간을 쉬지 않고 무장 군인들이 순찰, 감시하며 철책의 미묘한 움직임마저 관측한다. 그 철책을 넘으면 DMZ, 비무장지대다.

군장병들은 극도의 긴장감을 가지고 초소를 지키고, DMZ를 바라본다. 멧돼지나 작은 들짐승, 새떼가 철책을 건드리기라도 하면 날카로운 눈매로 수색과 정찰이 이어진다. 작은 빈틈조차 허용되지 않는 대치의 공간이기 때문이다.

TV 뉴스나 신문에서 최전방 철책 근무를 서는 장병 모습을 보고, 그 철책을 군사분계선(MDL)으로 오해하는 사람이 많다. 철책이 세워진 곳은 군사분계선이 아닌 남방한계선(SLL)이다. 군사분계선에는 철책도 철조망도

01 강원도 고성 최북단 통일전망대에서 바라보는
　　군사분계선
02 최전방 지역 철책에 핀 분홍색 꽃
03 강원도 인제 DMZ 내 인북천 줄기
04 DMZ를 넘나들며 살고 있는 어린 산양

없다.

군사분계선에는 수백 m 간격으로 1,292개의 말뚝이 세워져 있을 뿐이다. 숫자 1번부터 1,292번까지 매겨진 말뚝 표식은 남쪽으로 향하는 면에는 '군사분계선'이란 글씨가 한글과 영어로 쓰여 있고, 북쪽으로 향하는 면에는 한글과 한자로 써 있다. 현재 군사분계선에는 말뚝과 수풀, 나무가 어우러져 무성하다.

군사분계선은 서쪽 끝인 경기도 파주시 장단면부터 동쪽 끝인 강원도 고성군 간성읍까지 이어지는 155마일, 약 250km이다. 넓이는 907km². 한반도 전체 면적의 250분의 1, 제주도 면적(1,849km²)의 절반 정도 크기다.

군사분계선을 경계로 북쪽으로 2km 지점인 북방한계선과 남쪽으로 2km인 남방한계선까지 4km 범위가 바로 DMZ다.

휴전협정 이후 북방한계선과 남방한계선 사이, DMZ는 사람이 살지 못하는 공간이 됐다. 그 주변을 철책으로 둘러 철책선을 감시하는 군부대가 주둔하고 있다. 철책은 두 겹 철사를 꼬아 단단하게 만들어 그 끝에 뾰족한 철 바늘을 달아 놓은 위협적인 모습이라 보는 이를 움츠러들게 한다.

생태 자원의 보고

DMZ 하면 군사적 적대적 대치 공간의 이미지와 함께 1,000여 마리씩 무리를 이뤄 광활한 창공을 날아다니는 천연기념물 두루미의 모습이나 산양의 촉촉한 눈망울, 보기 드문 보랏빛 야생화의 이미지가 함께 떠오른다.

생태 자원의 보고라 불리는 DMZ 안에는 무엇이 있을까?

환경부와 국립생태원이 2014년부터 2016년까지 3년 동안 비무장지대, DMZ 일대 생태계를 살펴보았다. 2013년에 체계적이고 종합적인 환경 조사 역량을 갖춘 국립생태원이 생기면서 DMZ 생태 조사도 본격화되었다. 이전에는 환경부에서 실시하던 생태 조사를 전문기관인 국립생태원에 일임한 것이다.

국립생태원의 조사 결과는 놀라웠다. 멸종 위기 101종을 포함해 야생 생물 5,929종이 서식하는 것으로 나타났다. 곤충류가 2,954종, 식물 1,926종, 조류 277종이 옹기종기 살고 있었다. 이후 2018년까지 이어진 조사에서는 총 6,100여 종까지 늘었다. 앞으로 조사가 계속될수록 새로운 동식물 발견은 증가할 것이다. 멸종 위기 야생생물 I 급인 사향노루, 수달 등 포유류 6종이 있다. 검독수리, 노랑부리백로 등 조류 10종을 비롯하여 수원청개구리(양서류)와 흰수마자(담수어류)도 살고 있다.

멸종 위기 야생생물 II 급은 가는동자꽃, 가시오갈피나무 등 식물 17종, 담비, 삵 등 포유류 5종, 개리, 검은머리물떼새 등 조류 35종, 구렁이, 금개구리 등 양서·파충류 5종, 애기뿔소똥구리, 왕은점표범나비 등 육상 곤충 5종, 가는돌고기, 가시고기 등 담수어류 11종 등 총 83종이 서식한다. DMZ에 서식하는 동식물의 이름은 참으로 어렵고 낯설다. 우리 주변 동네 하천 등에서 쉽게 볼 수 없는 종이 서식하는 만큼 DMZ는 희귀한 동식물이 가득한 보물 창고다.

DMZ는 지형적 특성에 따라 서식하는 동식물 유형이 조금씩 다르다. DMZ를 동부 지역과 중부 지역, 서부 지역으로 나눌 수 있고, 각 지역마다

DMZ 서식 동물과 식물군 그래픽 (출처: 국립생태원)

강원도 인제군 산양 복원센타에서 놀고 있는 산양들의 모습

01 복수초
02 제비동자꽃
03 두메고들빼기
04 도라지모시대
05 둥근이질풀

다양한 유형의 식물 공동체가 분포한다.

동부 지역은 대부분 고도가 높은 산악 지역이다. 강원도 고성군, 인제군, 양구군이 속한다. 해발 1,300m에 이르는 향로봉에서 건봉산으로 이어지는 고지대에는 신갈나무와 사스래나무 등이 자리한다. 그 외 산지의 급경사지에는 굴참나무와 소나무가 분포하며, 하천에는 버드나무와 갯버들 등이 살아가고 있다.

중부 지역은 과거 경작지였던 저지대로, 현재는 묵논 습지가 되었다. 묵논은 오래 내버려 두어 거칠어진 논을 가리키며, 습지로 발달하게 된다. 묵논 습지는 다양한 생물이 사는 중요한 서식처다. 이곳에는 신나무, 아까시나무, 버드나무, 가래나무와 같은 식물들이 있다. 그 외 산림 지역은 신갈나무와 굴참나무, 소나무 등이 차지하고 있으며, 철새의 낙원이라고 불리는 철원 용양보같이 인위적으로 조성된 호수 주변에는 버드나무와 선버들이 있다.

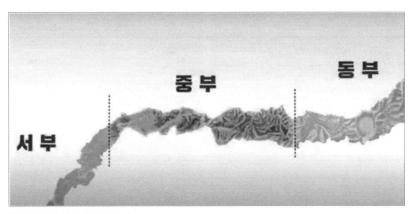

DMZ 내 동부, 중부, 서부 구분

서부 지역은 200~300m의 낮은 구릉지로 이뤄졌다. 상수리나무와 소나무 등이 함께 분포한다. 해안가 주변으로는 '곰솔'이라는 소나무가 집중적으로 분포하고, 강화도 부근에 넓게 분포한 갯벌에는 해홍나물 등 염분이 있어도 잘 사는 식물들이 건강히 자라고 있다.

DMZ 일대를 자유롭게 이동할 수 있는 포유류와 조류는 군사 도로의 영향을 적게 받기 때문에 멸종 위기종 등 다양한 종이 살고 있다. 민물고기인 가는돌고기, 열목어, 묵납자루, 물장군 등 다양한 어류의 수중 생태계가 확인됐다.

DMZ의 면적은 1,557km²로, 남한 면적의 1.6%에 해당하는 넓이다. 넓지 않은 면적이지만 멸종 위기 야생동물의 38% 이상이 사는 곳이다. 그만큼 생태계를 보호하는 안정적인 서식처라는 의미를 지닌다.

DMZ 일원 서부 지역인 서해와 강화도 인근에는 경계심 강한 저어새가 산다. 저어새는 몸 전체가 흰색이며 부리와 다리는 검은색이다. 눈 주위에 검은색 피부가 드러나 있다. 우리나라 서해안의 무인도에서 번식하는 세계적인 멸종 위기종으로 동아시아에서만 서식하며 현재 2,000여 마리만 남은 것으로 알려져 있다. 한국과 홍콩, 대만, 일본, 베트남, 필리핀 등지에 분포한다.

DMZ 일원 중부 지역인 철원과 연천은 대부분 논 경작지로, 떨어진 곡식 낱알이 많고 사람의 출입이 적어, 두루미의 겨울철 월동지로 좋은 환경이다.

천연기념물 202호로 지정된 두루미는 몸집이 150cm가 넘는다. 몸 전체가 희며, 둘째 및 셋째 날개는 검다. 중국, 일본, 몽골, 러시아 등에 분포하

DMZ 전경

며 국내에는 겨울 철새로 찾아와 10월 하순부터 이듬해 3월까지 철원, 연천, 파주, 강화 등 DMZ 주변 하구나 갯벌, 습지, 농경지에 집단으로 머문다.

　DMZ 동부 지역인 화천군과 양구군은 해발 고도 1,000m 이상의 산악 지대로 멸종 위기종인 사향노루의 주요 서식처. 사향노루는 비교적 크기가 작은 사슴으로 암수 모두 뿔이 없고, 위턱의 송곳니가 길게 자라서 입밖으로 나와 있다. 해발고도 2,600~3,000m의 고지대에서 혼자 또는 쌍으로 생활한다. 험준한 경사지나 절벽을 수월하게 달리는 산지 동물이다. 특히 배 쪽에 '사향샘(개체 간 커뮤니케이션에 관련된 분비물이 나오는 기관)'이 있다. 우리나라에서는 천연기념물 제216호이자, 멸종 위기 야생생물 1급으로 지정되어 보호받고 있다.

　DMZ는 무궁무진한 미래적 가치와 생태적 의미를 지니고 있다. 브라질

전 국토의 45%를 차지하며, '지구의 허파'로 불리는 아마존 밀림이 환경오염과 개발 사업, 무분별한 산림 훼손으로 그 생태적 가치와 기능을 잃어가고 있다는 점에서 DMZ는 훼손되지 않은 생태의 보호와 보존 면에서도 그 의미가 세계적으로 커지고 있다. 대한민국에 한정된 생태계가 아닌 전 지구적인 보호 가치를 지닌 환경인 것이다.

폐허로 남은 삶의 터전

DMZ가 생태적 가치를 전 세계적으로 인정받는 이유는 사람이 살지 않는 곳, 개발이 진행되지 않은 곳이기 때문이다. 개발되지 않아 아름다운 천연의 가치가 정점에 이르는 역설의 공간이다. 그런데 1950년 6·25전쟁 이전에도 DMZ는 지금처럼 텅 빈 공간이었을까? DMZ에는 태초부터 아무도 살지 않던 공간이라는 인식도 있는 것 같다. 처음부터 수풀이 우거지고, 동물이 뛰어놀고, 새들이 자유롭고 안전하게 오가는 공간.

하지만 6·25전쟁 이전에는 마을과 마을이 이어지는 한반도 주민들이 살던 곳이다. 주민들의 평화로운 삶의 터전이었다. 현재의 DMZ와 민간인통제구역 곳곳에는 많은 마을이 촌락을 이루고 주민들이 농사짓고, 아이들에게 보통의 교육이 이뤄지고, 교역이 활발하던 곳이다.

강원대학교 DMZ HELP센터가 1910년대 지형도를 토대로 분석한 결과, 비무장지대 내 존재하던 마을은 400여 곳 이상인 것으로 조사됐다. 이 400여 곳 이상의 마을이 6·25전쟁으로 사라진 것이다.

비무장지대 설정 이전까지 많은 주민이 거주하던 대표적인 마을로는 철원 김화읍, 양구 수입면 문등리, 인제 가전리, 북고성 신대리, 사비리, 덕산리, 대강리 등이 있다. 철원 지역에는 금강산으로 가는 도로와 기찻길이 뚫릴 정도로 번화한 도시도 있었다고 한다.

우리 기억 속에 잊힌 DMZ의 이전 모습은 평범한 산골 마을이다. 아이들이 학교에서 공부하고, 마을에서 뛰놀고, 어른들은 농사를 짓고, 가축을 기르고, 탄광과 상점에서 일하는 지금과 그리 다르지 않은 풍경이 그려진다.

지금 그 마을들은 사라졌다. 시끌벅적 활기가 넘치던 마을은 전쟁으로 초토화됐고, 분단으로 발길이 이어지지 않아 수풀만 가득하다. 한때 그곳에 살던 한반도 사람들의 집과 학교, 농경지, 도로, 돌담 등은 이제 미세한 흔적만 남은, 갈 수 없는 공간이 되었다.

DMZ 생태계를 대하는 두 시선

　다양한 동식물이 서식하는 최적의 조건을 갖춘 DMZ에는 호랑이도 있지 않을까 하는 기대가 있을 법하다. 호랑이는 우리 민화에도 자주 등장하는 만큼 조선 시대까지 흔히 볼 수 있던 동물인데, DMZ 안에서는 아직 목격된 적이 없다. 하지만 호랑이만큼 반가운 소식은 있다. 반달가슴곰 모습이 포착된 것이다.

　반달가슴곰은 환경부가 지정한 멸종 위기 야생생물 1급이자, 천연기념물 제329호다. 주로 낙엽 활엽수가 발달한 산림에 사는 곰과의 포유동물로, 가슴에 흰 초승달 무늬가 특징이다. 귀여운 몸짓과 익살스러운 표정으로 아이들에게 인기가 많다.

　반달가슴곰은 한때 백두대간을 중심으로 한반도 전역에 살았다. 하지만 일제 강점기 일본인들이 위험한 동물이라는 그럴듯한 핑계로 호랑이와

무인 장비에 촬영된 DMZ 안의 반달가슴곰 (출처: 국립생태원)

곰 등 야생 동물을 마구 포획하면서 많은 개체 수가 사라졌다. 고가에 거래되는 곰의 쓸개를 노린 밀렵이 끊이지 않는 것도 멸종 직전의 원인이 되어 현재는 지리산, 설악산, 오대산, 태백산, 강원도 DMZ 지역에 소수 남았을 뿐이다.

이처럼 귀한 손님인 반달가슴곰이 DMZ의 작은 계곡을 건너는 모습이 무인 카메라에 찍혔다. 2018년과 2020년, 2021년 연이어 포착되었다. 건강한 반달가슴곰 모습에 DMZ의 우수한 생태 환경이 다시금 입증됐다.

이에 DMZ를 중심으로 다양한 생태계를 보호하고, 가치를 연구하기 위한 국제적 보호 구역 지정 움직임이 이어지고 있다. DMZ에서 자라는 식물과 동물의 모습과 생태를 조사·연구하는 것은 그곳에 있는 생물의 종 다양성을 보호하기 위한 노력이다.

생물 다양성이란 눈에 보이는 동식물은 물론 눈에 보이지 않는 생물까지 생물 종(Species)의 다양성, 생물이 서식하는 생태계의 다양성, 생물이 지닌 유전자의 다양성을 가리킨다.

'생물 종 다양성 보존'은 지구에 살고 있는 다양한 동식물이 중간에 사라지는 일 없이 계속 번식하며 잘 살아갈 수 있도록 하는 데 의의가 있다. 생물 다양성을 보호하고 보존해야 하는 이유는 다양한 분야에서 확인할 수 있고, 특히 1차 산업 분야에서 분명하게 드러난다.

축산 농민이나 농부들은 오래 전부터 생산력을 늘리기 위해 유전적으로 우수한 품종들을 교배해 유전적 다양성을 늘렸다. 변화하는 환경 조건에 적절히 반응하기 위해 유전적 다양성을 이용하기도 했다. 생물 다양성은 환경오염 물질을 흡수하거나 분해해서 대기와 물을 깨끗하게 하고, 토양의 비옥한 정도와 적절한 기후 조건을 유지하는 데 결정적인 역할을 하고 있다.

사람들은 의식주, 특히 음식물과 의약품, 산업용 물품들을 생물 다양성의 구성 요소로부터 얻고 있다. 미국의 경우 조제되는 약 처방의 25%가 식물로부터 추출된 성분을 포함하고, 3,000 종류 이상의 항생제가 미생물에서 얻어진다. 동양 전통 의약품의 경우에도 5,100여 종의 동식물을 사용하고 있다.

이처럼 생물 다양성은 인류의 문화와 복지, 생존을 이어가는 데 중요한 요인이다. 그렇기에 생물 종 다양성은 그 생물의 활용도를 높일 수 있는 절대 조건이다. 적극적인 노력과 관심으로 생물 종 다양성을 지켜야 하는 상황이다.

우리나라는 2050년까지 장기 비전으로 생물 다양성을 풍부하게 보전하고, 다양한 동·식물 종이 조화를 이루어 기후 변화 등에 완충 능력을 갖춘 활력 있는 생태계를 구축하는 목표를 세워두고 있다.

DMZ 주변 생태계 활용

1953년 정전협정 이후, 분단 상황이 이어지는 와중에 'DMZ 공간'은 시간이 지날수록 우리에게 친숙해지고 있다. DMZ에 관한 체계적인 생태 연구가 진행되고 있고, DMZ의 가치에 대한 국민적 관심이 높아지면서 다양한 방식으로 이 공간을 경험할 수 있는 기회가 늘고 있기 때문이다.

이제 DMZ는 더 이상 낯설고 단절된 공간만이 아닌 한반도의 한 영역으로 받아들여지고 있다. 관광 자원인 'DMZ 평화의 길'이 관광객들의 체험과 교육 장소로 인기를 얻는 게 그 사례다.

이러한 변화는 느리지만 계속 이어질 것이다. 한반도 분단의 시간이 길어질수록, 통일을 염원하는 마음과 필요성이 커지고 있기 때문이다. 통일의 길목에 있는 DMZ가 우리 삶 가까이 다가오는 이유다. '분단의 상징'에 머물던 DMZ에 대한 인식이 변화하고 있다.

먼저, 기후 온난화와 무분별한 개발 속에서 천연의 생태적 가치를 지닌 DMZ 환경에 대한 기대감이 우리를 이끌고 있다. 거기에 일제강점기와 분단의 역사를 고스란히 간직한 살아 있는 기록 유산의 의미도 더해지고 있다. 또 하나의 결정적인 요인은 한반도의 평화와 통일시대로 나아가는 첫 단추가 바로 남과 북의 연결 통로인 DMZ이기 때문이다.

이런 상황에서 DMZ 인근 지역으로 조금 더 특별한 관심이 가는 것은 보물 창고인 'DMZ'에는 없는 요소가 'DMZ 인근'에는 더해졌기 때문이다. 바로 '사람'이다. 이처럼 'DMZ 인근'과 DMZ와 가까이 자리잡은 '접경지역'의 우수한 생태 환경을 절대적 보호의 개념으로 여겨 개발해서는 안되거나 활용할 수 없도록 묶어놓을 수만은 없다. '사람'이 살고, 수시로 왕래하는 지역이기 때문이다.

'사람'이 산다는 것은 다양한 일상 활동이 반복되고, 새로운 변화가 이어진다는 의미다. DMZ 인근과 접경지역에 사람들이 집을 짓고 살고, 가축을 기르고, 상점을 운영하고, 도로와 관광지가 생기고, 낚시와 캠핑을 하는 등 평범한 일상이 이뤄지는 곳이라는 뜻이다. DMZ가 특별한 환경이지만 절대적으로 닫힌 공간이 아닌 함께 살아가는 열린 공간이라는 의미기도 하다.

DMZ와 그 주변에 관심과 기대가 커지면서 생태적 공간을 보호하고 지

강원 생태평화 생물권보전지역인 한탄강 모습

유네스코 강원생태평화 생물권보전지역 인증서

MAN AND THE BIOSPHERE PROGRAMME

By decision of the
International Co-ordinating Council
of the Programme on Man and the Biosphere,

Gangwon Eco-Peace

Republic of Korea

has been designated for inclusion
in the World Network of Biosphere Reserves.

The world's major ecosystem types and landscapes
are represented in this Network, which is devoted to conserving
biological diversity, promoting research and monitoring,
as well as seeking to provide models of sustainable
development in the service of humankind.

Participation in the World Network facilitates cooperation
and exchanges at the regional and international levels.

강원 생태평화 생물권보전지역 유네스코 인증서

키는 것은 철책처럼 울타리를 둥글게 쳐놓고 누구도 들어가지 못하고, 무
엇도 만지지 못하도록 하는 것을 의미하진 않는다. 사람 역시 생태계의 구
성 요인이기에 사람도 함께 어울리며 살아가야 하기 때문이다. 그러니 친
환경적 생태 활용은 보호와 보존의 디딤돌이 될 수 있다.

　친환경적 생태 활용의 예로 외래종 퇴치 작업을 들 수 있다. 황소개구리
와 민물고기 배스와 블루길 퇴치 그리고 미국산 식물인 쑥부쟁이, 돼지풀
제거를 꼽을 수 있다. 보호라는 이름 아래 모두 그대로 방치했다가는 우리
가 곁에 두고 보고, 가꿔야 할 토종 동식물인 쏘가리, 가물치, 담쟁이 등을
밀어내게 될 것이다. 외래종의 서식 영역이 넓어질수록 결국 토종 동식물
은 자취를 감추게 될 것이다.

누구도 모르게 사라진 토종 동식물을 복원하고, 증식하는 것은 수백 배 더 어렵고, 오랜 시간을 필요로 한다. 우리나라 고유 생태를 보호하기 위해 외래종의 유입을 차단하기도 하고, 외래종의 개체 수를 줄이는 활동이 필요한 것이다. 보존된 환경이 어떻게 변화하였는지를 이해하고, 연구하며, 현재 시점에 맞는 새로운 가치를 찾아내 조명하는 게 필요하다.

또 다른 대표적인 생태 활용은 관광 자원의 육성이다. 관광 자원으로 성장시키기 위해서 구체적인 환경 연구와 개발 범위에 관한 기준이 만들어져야 한다. 해당 지역의 생태를 보호하고 활용하기 위해서 '할 수 있는 것'과 '해서는 안 될 것', '보완책을 만들어 할 수 있는 것'들이 구체화되면 보호와 개발을 조화롭게 진행할 수 있다.

우리나라에는 다양한 국립공원이 있다. 한라산국립공원과 지리산국립공원, 설악산국립공원, 한려해상국립공원, 다도해해상국립공원 등 환경보호를 위한 국립공원 지대가 설정되면서 강제성 있는 법령을 근거로 무분별한 개발과 산림 훼손을 막고 있다. 지방자치단체에서도 도립공원 지정 등을 통해 지역의 역사와 문화를 간직한 생태를 보호하는 데 노력하고 있다.

이러한 보호 구역 지정의 한쪽 면이 보호라면, 다른 면은 활용이다. 명확한 보호 기준에 근거해 다양한 활용 방법을 생각해 볼 수 있다. 국립공원에 탐방로를 만들어 제한된 범위 안에서 관광객이 올 수 있게 하거나, 훼손의 위험이 적은 곳은 생태 체험의 공간으로 활용하고, 보호 구역에서 벗어난 인근 지역에는 지역 경제 활성화를 위한 상업적 공간으로 이용하기도 한다.

'동물의 왕국'으로 불리는 아프리카 동부에 있는 탄자니아의 세렝게티

강원도 생물권보전지역 홍보 X-배너

초원을 생각해 보자. 국립공원을 관광 자원으로 활용하면서도, 환경적 생태를 보호하는 세계적인 관광지로 알려져 있다. 세렝게티 초원을 느릿느릿 걸어 다니는 사자와 목이 긴 기린, 그 모습을 숨죽여 바라보는 생태 관광객의 모습은 자연·동물 보호와 관광 산업의 친환경적 조화를 잘 보여주고 있다.

대암산 용늪

강원도 인제군 서화면 서흥리 산170번지 일원

용늪은 '하늘로 올라가는 용이 쉬었다 가는 곳'이라는 전설에서 유래한 이름으로 큰 용늪(30,820m²)과 작은 용늪(11,500m²), 애기 용늪으로 이뤄진다.

해발 1,280m 하늘 아래에 형성된 국내 유일의 고층습원(高層濕原)이다. 국제습지조약에 따르면 대암산 용늪처럼 산꼭대기에 습지가 형성된 경우는 세계적으로도 드물며 생태적·학술적 가치가 높다고 한다. 용늪은 국내에서 보기 드문 이탄습지(泥炭濕地)다. 이탄층은 식물이 죽어 채 썩지 않고 쌓여 스펀지처럼 말랑말랑한 지층으로, 용늪에 평균 1~1.8m 정도 쌓여 있다.

용늪은 산 정상부에 있어 1년 중 170일 이상이 안개에 쌓여 습도가 높고, 5개월 이상이 영하의 기온이다. 춥고 눈이 쌓인 기간이 길어 식물이 죽어도 잘 썩지 않고 그대로 쌓여서 '이탄층'이 발달했다. 이탄층에는 약 4,500년 전부터 썩지 않고 쌓여온 식물의 잔해가 그대로 남아 있어 우리나라 식생과 기후 변화를 연구하는 데 좋은 자료가 되고 있다.

탐방로를 따라 걷고 있는 강원도 인제 대암산 용늪 탐방객들

제비동자꽃

용늪이 위치한 대암산은 북방계와 남방계 식물을 동시에 볼 수 있는 곳으로, 다양한 자연 환경과 동·식물이 살고 있다. 멸종 위기 종인 기생꽃, 날개하늘나리, 닻꽃, 제비동자꽃, 참매, 까막딱다구리, 산양, 삵 등 멸종 위기 동식물 10종을 포함하여 식물 514종, 조류 44종, 포유류 16종, 양서·파충류 15종, 육상곤충 516종 등 1,180종 생물이 서식하는 생물 다양성이 풍부한 지역이다. 특히 물이끼, 사초, 끈끈이주걱 등 습지 식물과 한국 특산 식물인 금강초롱, 모데미풀과 희귀 식물인 비로용담 등이 살고 있다.

대암산 용늪은 1966년 비무장지대의 생태계 조사 과정에서 극적으로 발견됐다. 이후 1973년에 천연기념물 제246호에 지정됐고, 1999년에 습지보호지역, 2006년에 산림유전자원보호림으로 연이어 지정·보호되고 있다. 1997년 3월에는 대한민국 1호 람사르협약 습지로 등록되었다.

환경부는 용늪의 습지 보호를 위해 2005년 8월부터 2015년 8월까지 10년 동안 늪 내부 출입을 금지했다. 용늪의 생태를 보호하기 위한 조치였다. 그러나 2010년 이후 용늪 생태 보호의 중요성과 함께 용늪 생태 탐방로 운영이 필요하다는 의견이 높아졌다. 이에 탐방객으로 생길 수 있는 환경 훼손을 최소화하기 위해 별도의 탐방로를 조성하는 방법으로 일반인에게 대암산 용늪이 개방됐다.

현재는 서흥리 탐방 코스와 가아리 탐방 코스가 운영된다. 하루 250명 이내에 생태 체험 관광이 허용되고 있다. 공원처럼 숲을 자유롭게 다니지 않고, 인솔자를 따라 정해진 탐방로로만 이동이 가능하다. 제한된 범위의 탐방이지만 한 해 수천 명의 방문객이 대암산 용늪의 생태적 가치와 자연의 신비를 직접 체험하고 있다. 이것이 생태 보호에서 시작된 생태 관광이고 생태 교육이다.

대암산 용늪 주변에 사는 주민들은 용늪을 친환경적으로 이용하고, 그 주변 환경을 지키기 위해 친환경적 경작 농법을 사용하고 있다. 또 인제군 인제읍 가아리 마을 주민들은 탐방객에게 늪을 설명해 주고, 환경 보호를 교육하고, 전기차를 이용해 탐방객이 용늪 주변까지 이동할 수 있는 시스템을 구상하고 있다.

생태 보호와 마을 주민 소득 증가라는 두 마리 토끼를 잡기 위해 주민들이 힘을 기울이고 있다. 마을 주민들 입장에서는 용늪의 우수한 생태를 보호해 많은 탐방객이 용늪을 찾아오는 것이 주민 소득으로 연결되기에 누구보다 더 용늪 생태 보호에 앞장서고 있는 것이다.

TIP 람사르협약

1971년 2월 2일 이란 람사르에서 처음 체결되었다. 생태·사회·경제·문화적으로 커다란 가치를 지닌 습지를 보전하고 현명한 이용을 유도함으로써 자연 생태계로서의 습지를 범국가적 차원에서 체계적으로 보전하는 목적을 지닌 환경 협약이다.

한탄강 세계지질공원

포천시 (관인면·창수면·영북면·신북면),
연천군 (연천읍·전곡읍),
철원군 (철원읍·동송읍·갈말읍)

'한탄강 세계지질공원'은 2020년 7월 우리나라 최초로 강을 중심으로 형성된 지질 공원이다. 북한의 강원도 평강군에서 발원한 한탄강과 그 하류에 위치한 임진강 합수 지점을 포함하고 있다. 지금의 한탄강과 임진강 일부 지역은 약 54~12만 년 전(기원전) 화산 폭발로 형성되었다. 그 당시 흐른 용암으로 현무암 절벽, 주상절리와 폭포 등 다양하고 아름다운 지형과 경관이 형성되었다.

한탄강 세계지질공원의 지정 면적은 1,164.74km²이다. 경기 포천시 493.3km², 연천군 273.3km², 강원 철원군 398.06km²이다. 지질 분포 시대는 선캄브리아기, 고생대, 중생대(트라이아스기, 주라기, 백악기), 신생대 제4기에 해당한다. 지질 명소는 포천시 11개소, 연천군 9개소, 철원군 4개소로, 총 24개소이다.

철원평야를 한눈에 볼 수 있는 해발 362m의 용암대지인 소이산과 자연의 신비를 사계절 내내 간직한 직탕폭포, 삼부연폭포, 고석정, 포천시 관인면 지장산 응회암, 높이 30~40m의 웅장한 현무암 협곡이 압권인 한국의 '그랜드 캐니언' 중 하나로 손꼽히는 포천시 영북면 멍우리협곡, 연못과 화강암으로 절경을

TIP 세계지질공원의 조건

유네스코에 따르면 세계지질공원은 "특별한 과학적 중요성, 희귀성 또는 아름다움을 지닌 지질 현장으로서 지질학적 중요성뿐만 아니라 생태학적, 고고학적, 역사적, 문화적 가치도 함께 지닌 지역으로 규정하고 있다. 보전, 교육 및 관광을 통하여 지역 경제 발전을 도모함"을 의미한다.

이루는 포천시 관인면 화적연(명승 제93호), 경기 연천군 전곡읍 최고의 야외 지질 학습장인 은대리 판상절리와 습곡구조, 연천군 전곡읍의 전곡리 유적 토층 등이 있다. 어느 곳 하나 빼놓을 수 없는 아름다운 경관과 역사적 가치를 지닌 소중한 자연 유산이다.

철원 고석정 인근에서 바라본
한탄강 주상절리와 울창한 숲

TIP 국립공원의 지정 조건

자연 생태계: 자연 생태계의 보전 상태가 양호하거나 멸종 위기 야생 동·식물, 천연기념물, 보호 야생 동·식물 등이 서식할 것

자연 경관: 자연 경관의 보전 상태가 양호하여 훼손이나 오염이 적으며, 경관이 수려할 것

문화 경관: 문화재 또는 역사적 유물이 있으며, 자연 경관과 조화되어 보전의 가치가 있을 것

지형 보존: 각종 산업 개발로 경관이 파괴될 우려가 없을 것

위치 및 이용 편의: 국토의 보전·관리 측면에서 자연 공원을 균형 있게 배치할 수 있을 것

DMZ 평화의 길

DMZ 초입 민간인통제선 인근

최전방 지역 (10개 코스)

민통선 안쪽을 걸어가는 체험을 할 수 있는 것이 'DMZ 평화의 길'이다. 민간인 통제선 안쪽에 산책로를 조성해 일반인에게 개방한, 평화로 나아가는 길, DMZ 의 생태를 감상하는 길이다. DMZ 생태를 적극적으로 활용한 사례로 볼 수 있다. DMZ 평화의 길 조성에는 난관이 많았다. 국방부 등 군 당국에서 안보의 위험성을 이유로 이러한 활용에 난색을 표했기 때문이다.

하지만 안전을 위한 여러 장치를 만들고, 군 당국과 환경 당국, 접경지역 지방 자치단체가 노선을 개발·수리하는 등 서로 협력해 평화의 길을 개방했다. 주변 마을에서는 DMZ 평화의 길 탐방객에게 지역의 특수한 문화와 생태를 알릴 수 있는 교육의 기회를 만들었다. 지금도 지역의 가치 있는 농·특산물과 주변 관광 지를 알릴 수 있도록 연구하고 있다. 휴전이라는 특수한 상황을 활용하기 위한 실질적인 방안을 모색하고 있는 것이다.

DMZ 평화의 길은 인천 강화, 경기도 김포·고양·파주, 강원도 화천·양구·고성의 7곳 민간인 출입 통제선 안을 개방해 생태 탐방 코스로 운영한다. 각 지역마다 고유성과 역사성을 갖춘 곳을 선정해 산책 코스를 조성했다.

양구의 두타연과 금강산 가는 길 통문 일대, 화천의 평화의 댐 주변, 강원도 고성군의 금강산전망대 주변, 강화군의 의두돈초와 의두돈대 주변, 김포시의 시암리 철책길, 고양시 통일촌 군막사 주변, 파주시의 도라산전망대 주변이다. 분단의 아픔과 역사, 접경지 문화, 생태 자원을 함께 지닌 곳들이다.

2019년 4월부터 파주, 철원, 고성 등 3개 노선이 시범 개방되기도 했다. 개방 당시 1만 5천여 명이 방문하는 등 국민적 관심이 높았다. 탐방 예약 조기 매진 행렬이 이어지는 진풍경이 나타나기도 했다.

한때 중단됐던 탐방 길이 2025년에 여러 어려운 상황에서도 다시 개방돼 많은 관광객들의 발길이 이어지고 있다.

강원도 '고성 DMZ 평화의 길'의 시작 지점인 통일전망대 모습

PART 02

접경지,
분단의 경계에 있는 공간

DMZ와 가장 가까이 붙어 있는 곳이 접경지다. 접경지역은 DMZ라는 분단의 공간 경계에 있는 지역을 뜻한다.

대한민국 접경지역은 강원 접경지역과 경기 접경지역으로 크게 분류할 수 있다. 저마다 DMZ와 군사분계선과 맞닿은 특수 지역들이다. 강원도 철원군과 인제군, 화천군, 양구군, 고성군. 그리고 인천광역시 강화군, 옹진군. 경기도 김포시, 파주시, 연천군이 접경지역이다. 이 10개 지역은 같은 접경지역으로 분류되지만 저마다 독특하고 차별화된 선명한 차이를 보인다.

특히 접경지역에는 다양한 관광지와 역사적 명소가 있다. 6·25전쟁과 분단의 역사를 고스란히 담고 있는 역사 관광지, 안보 관광지, 문화 관광지가 많다. 6·25전쟁의 상흔이 남은 다리와 건물, 지역 안보자원, 넓은 하천과 계곡을 중심으로 하는 생태 관광지 등 명소가 많다.

접경지역 관광지를 둘러보는 것은 단지 그날의 즐거움만이 아닌 유익한 학습 체험이 된다. 그렇기에 청소년들을 포함한 가족 관광객이나 체험 학습 여행, 역사 답사 여행객에게 인기가 높다.

접경지역에는 많은 군부대가 주둔하고, 국가 안보라는 우선적 가치를 일상생활에서 느끼고, 실제 경험해 온 지역들이다. 남한과 북한 사이의 충돌과 대립에 따라 최전방 군사 지역이라는 특수성이 갈수록 두드러지고 있다. 이러한 특수성은 지역의 경제에도 큰 영향을 미쳤다. 이른바 '자영업 경제'로 불릴 수 있는 형태로 경제 구조가 형성돼 나간 것이다.

그러나 최근 들어 접경지역의 특수한 자영업 경제가 요동치듯 변화하고 있다. 통일에 대한 인식과 거주 세대의 변화, 군부대 통·폐합으로 생기는 군인 수 감소 등이 가장 큰 이유이다.

DMZ 아래
첫 동네

민통선 아래에 위치한, 분단의 경계와 인접해서 사람들이 사는 지역을 접경지역이라고 한다. 접경지역은 군사적 완충 지역이다. 군사적 긴장감이 고조되기도 하고, 수많은 장병과 군 차량, 헬기가 오가는 군사 지역이기도 하다. 그렇기에 군사 규제와 제약이 많은 지역이다.

일반적으로 접경지역은 인천광역시 강화군·옹진군, 경기도 김포시·파주시·연천군, 강원도 철원군·화천군·양구군·인제군·고성군 10개 지방자치단체이다.

이들 10개 접경지역은 낙후 지역 공동 개발을 위해 2008년부터 접경지역 시장군수협의회를 구성했다. 이 협의회를 통해서 국토의 균형적 발전과 접경지역 광역 사업 추진 등 상호 발전

TIP◀ 접경지역

사전적 의미로 '비무장지대 또는 해상의 북방한계선과 잇닿아 있는 시·군과 「군사기지 및 군사 시설 보호법」에 따른 민간인 통제선 이남 지역 중에서 민간인 통제선과의 거리 및 지리적 여건 등을 기준으로 하여 정하는 시·군이다.

01 금강산 가는 길 도로 이정표
02 인제군 신병 훈련소 부대 모습

을 위한 협의를 진행하고 있다. 그 대표적인 협력 사업이 한탄강 주상절리 길 조성 사업이다. 경기도와 강원도를 잇는 한탄강에 산책로와 교량 등 관광 자원을 만드는 광역 협력 사업이다.

강원도 철원군은 38선과 근접한 대표적인 수복 지역이다. 1953년 7월 27일 휴전일부터 1954년 11월 15일, 행정이 미군정에서 민정으로 넘어갈 때까지 철원군은 미군정 통치를 받았다. 철원 지역 주민들도 고향에 돌아갈 날을 기다리며 민통선 밖 군인들이 설치한 임시 정착촌 천막에서 머물렀다.

TIP 수복 지구

6·25전쟁 전에는 북한 땅이었다가 전쟁 후 남한 땅에 편입된 지역이다. 수복 지역 주민들은 6·25전쟁 전후로 접경지역으로 몰려들었다. 고향으로 가기 위해서였지만 전쟁이 끝나고도 민통선에 가로막혀 돌아갈 수 없었다.

고향에 돌아가기 위해 밀려들어오는 정착민들을 수용하기 위한 임시 숙소로 지은 것이 구호 주택이다. 철원군에는 수복 직후 군정하에서 건설된 구호 주택 마을은 현재까지 20곳 정도로

철원군 동송읍 터미널 인근 상점가 모습

파악된다. 지금은 분단 70년 세월이 흐르면서 대부분 원래 모습을 거의 알아볼 수 없게 되었다. 당시 정착민들이 고향으로 돌아가지 못한 채 수복 지역에 머물며 힘든 시간을 거치면서 점차 촌락과 도시 규모로 발전시킨 것이 접경지역이다.

군부대와 공존하는 마을

강원도 인제군에는 기린면이 있다. 이곳 지명에 쓰인 '기린'은 목이 긴 포유동물이 아닌 상상의 동물이다. 동양의 전설에 등장하는 상상의 동물 기린은 용머리에, 몸은 사슴, 꼬리는 소, 발굽과 갈기는 말과 비슷한 모습이다.

이색적인 지명을 지닌 기린면에는 군 항공부대와 마을이 왕복 2차로 좁은 도로를 사이에 두고 마주하고 있다. 고도 제한이라는 군사 규제가 40년 넘도록 적용되는 지역이다. 군용 헬기가 훈련과 작전을 위해 이착륙을 반복하는 곳이라, 주변에 5층 이상 높은 건물이 들어설 수 없다. 마을에는 1970년대식 노후 단층 주택과 상점이 가득하다. 그 주변에 기린초등학교가 있다.

기린초등학교의 학생 수는 180여 명이다. 재학생이 200명이 되지 않는 초등학교이니 작은 학교일 것 같지만 이곳은 최전방 접경지역 시골 초등학교 가운데 몇 안 되는 대규모 학교다. 학생 수 감소로 폐교되거나, 전체 학생 수가 20~30명이 채 되지 않아 분교 형태로 운영되는 전방 지역 초등학교와 비교하면 규모가 월등하다.

이처럼 기린초등학교 재학생이 꾸준히 200명 가까이 유지될 수 있는 비결은 군부대 때문이다. 인근에 밀집한 부대 소속 군장병 자녀들이 기린

01 인제군 기린면 전통시장 모습
02 노점이 길게 늘어선 인제 기린면 기린 전통시장

01 인제군 기린면의 한 다리에 설치된 기린 조형물
02 인제 기린초등학교의 모습

초등학교에 다니고 있다. 지역 주민들에 따르면 60% 이상이 군인 가족이라고 한다. 기린초등학교는 1923년 개교한 뒤 6·25전쟁으로 모두 불에 탔다가, 이후 1953년 미군이 목조 건물로 재건축했다.

대한민국의 국토 가운데 접경지역은 생성부터 현재까지 국가 안보와 밀접하다. 북한과 가장 가까이 맞닿은 지역으로 군사적 중요성과 국방 사수의 책임이 막중한 곳이다. 그래서 주민들도 '국가 안보'를 최우선으로 여겨왔다. 그렇기에 개인 재산권 침해나 지뢰 불안감, 군 훈련에 따른 이동의 불편, 갑작스러운 무장 탈영병 소식, 북쪽에서의 월남 소식, 1년 내내 계속되는 훈련 사격 소음, 포사격 오발탄의 농경지 추락 사고, 사격 훈련 중 발생하는 산불, 헬기와 전투기 등 군 전투 장비의 소음과 먼지 피해, 일부 군장병과 주민 간의 갈등 등을 참아오고 있다.

최근엔 군 전력의 기계화와 첨단화, 입대 장병 수 감소로 군인 수가 줄고 있긴 하지만, 강원도 화천군과 양구군 등에서는 여전히 군인 수가 주민 인구보다 많거나 별로 차이가 나지 않는 곳이 많다.

접경지역에서는 민간인 통제선 안쪽만큼의 제한은 없지만 많은 군부대가 주둔하면서 여러 불편함이 생겼다. 군부대 훈련으로 생기는 교통 불편과 무거운 군 장비가 오고가면서 도로 파손이 반복적으로 발생한다. 군부대와 군 장비로 인한 환경오염이 발생하기도 한다. 간혹 군장병 무장 탈영이나 군 차량이 발생시키는 대형 교통사고 등의 사건·사고도 끊이지 않고 있다.

그리고 주요 교통 길목과 거점 공간에 군부대 시설이 들어서면서 지역개발에 장애 요인이 된 것도 현실이다. 도로와 물류 여건에서의 어려움이 대표적이다. 군부대는 예측하지 못한 순간 신속한 작전을 펼치기 위해 교통과 이동의 길목에 자리잡고 있다. 이 때문에 부대 이전 없이는 주요 도로확장이나 새로운 도로망을 구축할 수 없다. 이런 특수성 때문에 교통 여건

01 02 훈련을 위해 수시로 이동하는 군차량 모습

군인을 '봄'이라고 표현한 2021년 강원도 화천군 사내면 번화가 현수막

이 다른 지역과 비교해 장기간 낙후하면서 지역 경제 발전에도 걸림돌이
되었다.

현재 접경지역 지방자치단체에서 군인과 주민이 참여하는 화합의 행사
를 열 때마다 '민·관·군(民·官·軍) 상생'이라는 슬로건을 사용하고 있다.
주민(民)이 첫째이고, 행정기관(官)이 둘째, 군부대(軍)를 셋째로 나열한
다. 하지만 1980년대에는 '군·관·민(軍·官·民) 화합 행사'라고 불렀다. 군
부대(軍)가 그만큼 접경지역에서 첫째로 중요한 존재였다. 휴전 이후 남북
간 군사적 긴장이 반복되면서 국가 안보가 개인의 권리보다 앞서는 최우
선 가치였기 때문이다.

1970~1980년대에는 군부대가 행군 훈련을 하다가 일부 장병들이 민
가에 들어가 마당에 널려 있는 곶감을 죄다 가지고 가거나, 무밭에서 무를

뽑아 먹고, 장독대에서 된장, 고추장까지 퍼가는 경우가 허다했다고 한다. 그래도 집주인이 부대에 가서 배상하라고 요구할 수 없던 시절이었다. 장병들이 배가 고파서 한 일이니 그냥 넘어가는 일이 많았다고 한다.

나라를 지키는 군인들이 우선이었기에 가능하던 일이다. 마을 곳곳 교통의 요지에 주민 농경지나 야산을 사실상 반강제로 빼앗아 군부대 시설을 짓는 경우도 많았다. 사유 재산의 강제 수용이다. 나라의 특히, 군대의 목적이 생기면 주민들은 거부하지 못한 채 속앓이를 해야 하던 시절이었다. 그리고 그 땅은 현재 국방부 소유가 돼 있다. 접경지역 주민들은 그런 상황을 국가 안보라는 최우선 목적을 위해 참아 왔다.

접경지역

통일연구원이 국민의 공감과 지지를 받는 남북 접경 협력 방안을 제시하기 위해 접경지역에 관한 인식을 조사했다. 2021년 7월 16일에 시작하여 7월 30일까지 접경지역 주민과 일반 국민 그리고 재해·재난 및 남북 관계 전문가들을 대상으로 폭넓게 조사했다. 접경지역(김포, 파주, 연천, 철원, 인제, 화천, 양구, 고성) 주민 210명, 전국 만 19세 이상 성인남녀 723명, 전문가 48명을 대상으로 이뤄졌다.

7개 항목에 관한 조사 결과를 종합해 보면 접경지역에 대한 인식은 역설의 연속이라고 할 수 있다.

접경지역에 관해서는 군사적 긴장 지역과 낙후 지역이라는 인식이 앞

01 강원도 화천군 화천읍 선등 거리 모습
02 강원도 인제군 상점가의 모습

섰다. 군사적 긴장 지역이라는 인식은 접경지역 주민이 72.9%, 일반 국민이 74.4%, 전문가가 81.3%로 나타났다. 접경지역 주민보다는 일반 국민과 전문가들이 접경지역을 군사적 긴장 지역으로 더 높게 인식하는 점이 흥미롭다. 접경지역 주민들은 70년 동안의 세월 속에 남북 관계의 수많은 부침을 겪어오면서 '군사적 긴장감'에 익숙해졌기 때문일 것이다.

필자는 북한의 미사일 발사 소식에 한반도 긴장감이 고조되는 상황에 취재 차 강원도 철원군 최북단 마을에 방탄모를 쓰고 간 적이 있다. 적막하고 삼엄한 상황이었지만, 마을회관에서는 고령의 주민들이 태연히 TV를 보고 있었고, 방탄모를 쓴 필자를 보자 웃는 어르신들도 있었다. 이처럼 접경지역 주민이 느끼는 긴장감은 후방 지역 국민이 느끼는 정도와 차이가 있다.

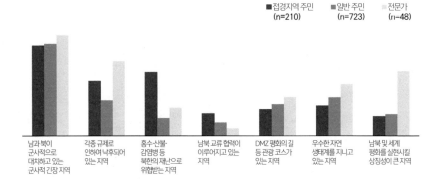

남과북이
군사적으로
대치하고 있는
군사적 긴장 지역

각종 규제로
인하여 낙후되어
있는 지역

홍수·산불·
감염병 등
북한의 재난으로
위협받는 지역

남북 교류 협력이
이루어지고 있는
지역

DMZ 평화의 길
등 관광 코스가
있는 지역

우수한 자연
생태계를 지니고
있는 지역

남북 및 세계
평화를 실현시킬
상징성이 큰 지역

접경지역에 대한 인식 조사 (출처: 통일연구원)

각종 규제로 인하여 낙후된 지역이라는 인식은 접경지역 주민이 일반
국민보다 월등히 높았다. 일반 국민은 28.8%였지만 접경지역 주민들은
자신이 사는 지역이 낙후됐다고 인식하는 비중이 44.3%나 됐다. 전문가
들의 경우 60.4%로 나타났다.

강원 접경지역과 경기 접경지역을 여행한 경험이 있는 국민은 이 지역
을 관광지로 인식하는 경우가 많을 것이다. 그래서 낙후 정도보다는 지역
관광지의 활기 위주로 느끼는 듯하다. 상대적으로 접경지역에서 거주하
고, 그곳에서 일하는 주민은 다른 도시 지역과 비교해 교통 여건이나 공공
건물의 시설 정도, 병·의원, 대형마트 등 기본 생활 시설이 부족하여 낙후
됐다고 여기는 것이다. 여러 가지 국토 균형 발전 지표를 비추어 볼 때 접
경지역은 실제로 낙후 지역으로 분류되고 있다.

우리의 인식은 현재 환경과 상황, 관점의 결과물이다. 상황과 관점이 변
하면 인식도 자연스럽게 바뀌게 된다. 이 때문에 앞으로 접경지역 주민이

DMZ의 생태와 우수한 환경을 이용하는 중심적 역할을 다하게 될 때 접경지역에 관한 인식 조사가 다시 이뤄진다면 좀 다른 결과가 나올 수도 있을 것이다.

접경지역 주민이 살아가기에 역설적인 요소와 거친 환경적 여건에 긍정적인 변화가 이어지고, 남과 북의 대화와 협력이 늘고, 각종 재난의 위협이 줄게 된다면 접경지역이 지닌 평화의 잠재력은 더욱 커지고, 접경지역 주민과 일반 국민 모두 접경지역과 접경지역에서의 삶에 대한 태도를 바꾸게 될 것이다.

접경지역의
생활

  강원도 인제 원통은 하루 2, 3대의 버스만 오가는 시골 중의 시골이었다. 비포장도로에는 군 트럭과 버스가 지날 때마다 먼지가 '풀풀' 일었다. 그러던 시골에 많은 상점이 생기고 버스 운행 횟수가 늘고, 택시도 늘어나며 점차 번화해지기 시작했다.

  지금은 60여 개 상점이 밀집해 있다. 농협도 생기고, 수영장과 영화관, 헬스장도 있다. 영화를 보러 먼 곳까지 가지 않아도 되고, 계곡이나 하천 말고 수영장에서 물놀이를 할 수 있다. 주민들은 불과 10년 전까지만 해도 상상하지 못하던 눈부신 변화라고 한다.

  2022년에는 춘천~속초 간 동서고속철도 공사가 시작되었다. 이 지역에는 KTX 원통역이 들어설 예정이다. 난생 처음 철도 교통망이 들어서는 것이다. 주민들은 역사가 생긴다는 소식에 지역의 획기적인 발전을 소망

01 접경지 강원도청사 전경
02 점심 시간 텅빈 모습의 강원도 양구군 양구읍의 중국 음식점

하고 있다. 이러한 변화는 주민들에게 참으로 반갑고, 미래에 대한 희망을 갖게 한다.

하지만 접경지역의 인구는 갈수록 가파르게 줄고 있다. 강원도 양구군의 번화가인 양구읍에 가면 유명한 전통 중화요리집이 있다. 저렴한 가격에 양도 많고, 특히 '쟁반짜장'이 인기 메뉴인 이 식당은 40여 년 전인 1978년 처음 문을 열었다고 한다. 이 식당의 역사는 지역의 발전사와 같이했다고 해도 과언이 아니다.

이 식당의 사장인 김일규 님은 강원도 양구군에서 태어나 70대가 된 지금까지 고향인 양구를 지키고 있다. 하지만 지금은 걱정이 크다. 식당 손님이 양구군 공무원 아니면 군인, 소수의 관광객 말고는 없다고 한다. 식당 영업도 순조롭지 않지만 줄어드는 인구 걱정이 더 크다. 마을에 새로 이사 오는 주민은 찾아보기 어렵고, 지역에서 태어나 자라던 청소년, 청년들

01 인제군 인제읍 전경
02 인제 터미널의 한산한 모습
03 인제 군청 공무원들이 점심을 먹으러 나가는 모습
04 인제 북면 지역 모습
05 인제 북면 상점가에서 본 도시 전경

은 대부분 타지로 떠나버렸다. 주택가에는 을씨년스럽게 텅 빈 집이 늘어가고 있다. 아이들이 뛰노는 모습은 보기 어려워졌다. 허리가 굽고, 거동이 불편한 노인들만 늘어가고 있다.

통계청에 따르면 강원도 양구군의 인구는 2만 6백여 명 정도로, 2016년 2만 4천여 명에서 계속 감소하고 있다. 양구군 인구는 서울 강남구 55만여 명보다 27배나 적은 전국에서 몇 손가락 안에 드는 초미니 기초자치단체급에 속한다.

10개 접경지역에서 인구가 가장 적은 지역은 인천광역시 옹진군이다. 옹진군의 인구는 2024년에 1만 9천 9백여 명이었다. 2016년 2만 1천여 명이었다가 가파른 감소세가 이어지면서 2만 명 아래로 떨어져 위기감이 높아지고 있다.

강원 접경지역의 인구 수는 2016년과 비교하면 1만 8백여 명 줄었다. 경기도 접경지역은 19만 8천 명 늘었다. 강원도 접경지역의 인구는 줄고, 경기도 접경지역의 인구 수는 늘어난 것이다. 경기도 접경지역 인구 증가는 김포시와 파주시의 인구 증가가 절대적인 원인이다.

접경지역의 어려운 여건 속에서도 개발 사업의 본격적인 추진과 기대감으로 인구가 늘어난 것이다. '파주 출판도시'나 '김포 도시철도', '한강시네폴리스' 등 개발 사업이 가시적으로 논의되면서 인구가 늘어난 것으로 분석된다. 이 지역들은 접경지역의 규제와 열악한 기반 시설 속에서도 새로운 활력과 미래 비전이 추가되면서 인구가 늘고 있다.

접경지역 인구 현실을 알기 위해 다른 지역의 인구 수와 비교해 보았다. 통계청 인구 수 자료(2024년 말 기준)를 보면 대한민국의 전체 인구는

	2016년 인구	2024년 인구	추이
강원도 고성군	30,114명	26,999명	-3,115명
강원도 양구군	24,010명	20,621명	-3,389명
강원도 인제군	32,720명	31,535명	-1,185명
강원도 철원군	48,013명	40,497명	-7,516명
강원도 화천군	26,264명	22,922명	-3,342명
경기도 김포시	363,443명	486,853명	123,410명
경기도 연천군	45,907명	40,866명	-5,041명
경기도 파주시	430,781명	511,308명	80,527명
인천광역시 강화군	68,010명	69,402명	1,392명
인천광역시 옹진군	21,351명	19,996명	-1,355명

접경지역의 인구 추이 (출처: KOSIS국가통계포털, 12월 말 기준)

5,121만여 명이다. 경기가 1,369만여 명, 서울 933만여 명, 서울 강남구가 55만 7천여 명, 원주시가 36만 2천여 명, 춘천이 28만 6천여 명, 포천시가 14만 1천여 명, 울릉군이 9천여 명이다.

강화와 파주, 김포의 인구 증가 추이를 제외하면 접경지역의 인구는 갈수록 내리막길이다. 2020년 행정안전부가 인구 소멸 위기 지역 89곳을 지정한 곳 가운데, 인천시 강화군과 옹진군, 경기도 연천군, 강원도 철원군, 고성군, 양구군, 화천군 등 7개가 포함됐다.

접경지역의 인구 감소의 이유는 경제 때문이다. 접경지역에서 먹고 살며, 삶의 비전을 가지기가 쉽지 않다. 젊은 층이 고향인 접경지에 머물지 않고 다른 지역으로 이사하거나, 새로운 젊은 층이 접경지역으로 오지 않으면서 전출 인구는 늘고, 출생은 줄고 있다. 인구 감소가 우리나라 전체의 문제이긴 하지만 접경지역은 그 속도가 더 빠르게 진행되고 있다.

접경지역의 산업 구조

강원도 인제군 인제읍에는 텅 빈 산업단지가 있다. 인제 귀둔농공단지이다. 20여 기업체가 입주할 수 있는 공간으로, 인근에 곰배령이라는 산이 있고, 맑은 계곡이 흐르는 이른바 명당지이다.

하지만 이곳에는 1년이 넘게 하나의 기업체도 오지 않고 있다. 일반 제조업체 대상이 아닌 자동차 산업 특화 농공단지라는 제약이 영향을 주었을 것이다. 지리적으로 산골에 위치한 단점도 크다. 인근에 위치한 춘천시나 원주시의 경우 산업단지 분양이 100% 이뤄져 추가 개발이 필요하다는 소식과는 대조적이다. 이처럼 접경지역은 제조업체 등 기업체가 턱없이 부족하다.

접경지역의 1차 산업은 농업과 임업, 어업이 해당한다.

2019년 기준 강원 접경지역의 1차 산업 사업체 수 비중은 0.56%이다.

01 양구군 양구읍의 텅빈 상점
02 귀둔농공단지를 둘러싼 점봉산과 안개

인제 원통체육문화센터 전경

강원 지역 평균인 0.25%보다 2배 높게 나타난다. 전국 평균인 0.11%보다
는 5배 높다.

경기 접경지역도 비슷하다. 2019년 기준 강화군의 1차 사업체 수 비중
은 0.32%로 나타났다. 옹진군은 0.53%로 분석됐다. 강화와 옹진 모두 인
천광역시 평균 비중인 0.02%를 크게 앞섰다. 또 전국 평균 0.11%와 비교
해도 크게 높은 수준을 보였다.

그러나 경기 접경지역은 지역별로 다른 결과를 보인다. 경기도의 1차
사업체 수 평균 비중은 0.06%인데, 파주시는 0.07%, 김포시는 0.07%로
경기 평균과 비슷했다. 반면 연천군의 1차 산업 사업체 수 비중은 0.60%
였다.

시 지역으로 개발이 진행되고 있는 파주·김포와 낙후도가 심한 연천군
의 차이가 8배 이상 벌어지고 있다.

접경지역의 2차 산업은 주로 제조업과 건축토목업, 광업, 가스, 전기업 등 원료나 재료를 가공하는 산업을 말한다. 2019년 기준 전국의 2차 산업 사업체 수 비중은 14.4%였다. 강원 접경지역의 2차 산업 평균 비중은 14.2%로, 전국 평균과 비슷한 것으로 분석됐다.

강화군의 2차 산업 사업체 수 비중은 11.4%, 옹진군 9.1%이었다. 전국 평균 14.4%보다 낮다. 반면 파주시 22.1%, 김포시 31.2%, 연천군 17.2%로 전국 평균보다 높았다.

접경지역의 3차 산업은 어떨까? 3차 산업은 서비스업이라고도 한다. 도매, 소매업, 음식점 및 숙박업, 운송업, 통신업, 공공 행정, 문화 및 운동 관련 서비스업 등 그 범위가 넓다.

2019년 기준 통계청 조사를 보면 3차 산업 사업체 수 비중은 전국 평균과 접경지역 비중이 파주와 김포시를 제외하고 큰 차이를 보이지 않는 것으로 나타났다(전국 평균 3차 산업 사업체 수 비중은 85.5%이다).

다만 2차 산업의 비중이 높은 파주시가 77.8%, 김포시가 68.7%로 전국 평균보다 낮았다.

3차 산업 가운데 음식점과 숙박업소 사업체 비중은 강원도 평균이 30.8%이다. 반면에 강원 5개 접경지역의 평균 비중은 38.3%다. 강원도 평균보다 7.5% 높다. 접경지역 안에 있는 음식점과 숙박업소가 강원도 평균보다 많다는 의미다. 전국 3차 산업 내 음식점과 숙박업소의 사업체 수 평균이 22.0%인 것과 비교하면 강원 접경지역의 평균이 16%나 높았다.

인천 접경지역의 경우 강화군과 옹진군은 각각 3차 산업 내 음식점과 숙박업소의 사업체 수 비중이 36.8%, 55.8%로 나타나, 전국 평균인 22%

보다 높았다. 특히 옹진군의 경우 2배 이상 높게 나타났다.

경기도 접경지역의 경우 파주시가 22.4%, 김포시 19.9%, 연천군이 29.4%로 분석됐다. 파주시와 김포시는 전국 평균값과 비슷했고, 연천군은 조금 높게 나타났다.

이러한 결과를 분석하면 인구가 늘고 산업 활동이 활발해진 파주시와 김포시는 음식점과 숙박업소의 비중이 전국 평균과 비슷하다. 그에 반해 여전히 낙후한 상태로 남아 있는 강원도 접경지역과 강화군, 옹진군, 연천군은 제조업이 부족하고, 1차 산업이 높고, 3차 산업 가운데 음식업과 숙박업의 비중이 월등히 높은 것을 알 수 있다.

이처럼 음식점과 숙박업소 비중이 높게 나타나는 현상은 대부분의 접

01 군장병 우대업소 안내 팻말
02 강원도 인제군 인제성당의 고즈넉한 모습과
　　주변의 허름한 주택들

경지역이 안보적 제약 등으로 다양한 산업 분야가 성장하지 못한 채 관광객이나 군인을 대상으로 하는 자영업 비중이 높은 데 머물고 있다는 것을 의미한다.

자영업은 경기에 큰 영향을 받는 등 취약한 산업 구조의 면모를 보인다. 경제 상황이 나빠 지갑이 얇아질수록 가장 먼저 아끼는 비용이 외식과 의복 구입비 등 자영업과 관련되어 있기 때문이다. 안정적인 일자리와 지속적인 소득을 확보하는 데 어려움이 큰 게 자영업 경제 구조다.

그런데 접경지역 대부분이 관광도시이자, 소비도시로 성장해 자영업 비중이 상당히 높다. 제조업체는 중소 규모의 농공단지나 산업단지에 입주한 농산물 가공업체나 소규모 식품 제조업체가 대부분이어서 지역 일자리 창출 면에서 불리한 조건이다.

그래서 접경지역 원주민들은 농업과 어업, 산림업 외에 식당을 차리고, 모텔과 여관, 여인숙, 펜션 등 숙박업소를 경영하는 것이다. 자영업이라도 해야 접경지역에서 살아갈 수 있기 때문이다. 그리고 그 자영업을 유지하기 위해 부단한 노력을 하고 있다.

그 대표적인 사례가 '군장병 우대업소'다.

강원도 접경지역에 가면 '군장병 우대업소'라는 팻말이 붙어 있는 상점이 늘고 있다. 군장병에게 30% 할인된 가격으로 음식이나 숙박, PC방, 미용실 등의 서비스를 제공하거나 장병 관련 물품을 판매하는 곳이다. 2019년 접경지역 지방자치단체가 예산을 투자해 군장병들의 접경지 상점 이용을 늘리기 위한 정책을 시행하기 시작했다.

강원도에 따르면 군장병 우대 업소는 강원 접경지역에 700여 개 상점

01 강원도 철원군 서면 와수리에 있는 상점 번화가 모습
02 유독 제비가 많은 강원도 철원군 서면 와수리

으로 늘어났고, 30%라는 상당한 할인 혜택에 군장병들이 애용하는 상점으로 거듭나고 있다고 설명한다. 이제 접경지역에도 변화하는 시대의 흐름과 젊은 세대의 가치관에 대한 인식의 전환이 불가피해 보인다. 접경지역 일부 상점의 불친절과 바가지 영업의 문제는 거론하지 않아도 이제 접경지역은 스스로 경쟁력과 자생력을 확보해야 하는 시기에 접어들었다.

접경지역 주민들도 알고 있다. 장병 위수 지역 해제와 군부대의 통합과 해체를 주요 내용으로 하는 국방개혁 2.0 추진, 군부대 식자재 납품 방식의 경쟁 입찰제도 도입 등에서 접경지역은 새로운 도전에 직면해 있다. 새로운 도전이란 급격히 변하는 시대 상황 속에서 쇠퇴하고 있는 기존 경제 구조에서 벗어나 새로운 경제 성장 동력을 찾기 위한 시도들이다. 이렇게 접경지역은 현재 새로운 전환점에 놓여 있다.

접경지 경제의 극복 노력

접경지역의 경제는 군부대와 특별한 관련이 있다.

접경지역이 군부대 중심으로 성장하면서 경제와 산업도 변화했다. 대한민국 접경지역에 교통망은 열악하고, 건물은 낙후됐고, 편의 시설은 부족하지만, 서비스업인 자영업에 종사하는 주민이 많다. 군장병의 소비와 면회객 방문 등 군부대에 의존하는 이른바 '자영업 경제'로 성장했기 때문이다.

접경지역에는 제재나 규제만 있다고 하소연하는 주민들이 많다. 접경지역에서 경제적으로 뭔가를 시도해 보려면 상수원 보호 지역, 산림 보호 구역, 군사 지역 등의 규제 때문에 어렵다고 한다.

변화를 이끌어내지 못한 또 다른 이유 중 하나는 바로 DMZ다. DMZ라

01 텅 빈 접경지역 산업단지 모습 (인제군 인제읍 귀둔농공단지)
02 인제군이 조성한 전역 군인 전원주택 단지

는 군사적 대치 공간과 너무도 인접한 지역이기에 주민의 다양한 변화 욕구보다는 국가 안보라는 가치가 최우선했다. 우수한 주변 환경으로 활용되는 것보다 환경 보호의 명분과 혹시 모를 대립의 완충 지대로 이 지역을 남겨 두어야만 했던 것이다.

그래서 교통망의 확충이 더뎠다. 접경지역의 시내에서 조금만 벗어나면 구불구불한 편도 1차로가 대부분이다. 최근엔 도로 선형 개량 사업으로 도로를 직선화하고 안전한 시설들이 보강되고 있지만, 여전히 도심권이나 다른 한적한 농촌 마을과 비교하면 접경지역 도로 상황은 열악하기만 하다. 그리고 도로를 고치고, 좀 더 빠른 도로망을 확충하는 것에 많은 예산이 소요되는데, 인구가 갈수록 줄고 있는 접경지역 지방자치단체에서는 할 수 있는 게 많지 않다.

또한 접경지역은 환경 보호 구역이 많다. DMZ 생태의 우수성을 보존하기 위한 노력이 필요하듯 수도권으로 이어지는 접경지역의 생태 역시 보

철원 산업단지 조감도

존해야 하기 때문이다. 산림과 동물, 식물 그리고 물 환경까지. 접경지역에는 산림보호법과 상수원보호법, 국립공원보호법, 백두대간보호구역, 공장 설립금지구역 등 환경 보호를 위한 법의 규제를 2중, 3중으로 받는 지역이 많다.

여기에 군사 규제가 더해진다. 접경지역은 최전방 지역이다. GOP 철책을 지키는 부대 외에 레이더부대와 포병부대, 항공부대 등이 곳곳에 있다. 산지뿐만 아니라 도심 주거 지역에도 대규모 군부대 시설이 있다. 이들 군 시설이 정상 가동하고, 신속히 작전을 수행해야 하는 게 우선되는 지역이다. 그래서 군사 규제가 강력하다. 헬기 등 항공기 운행을 위한 건축물 고도 제한이 있고, 민간인 출입 제한 등이 다수 존재한다.

여러 규제 속에서 새로운 길을 만들어가는 것은 쉬운 일이 아니다. 지역 곳곳에 있는 군부대마다 '군사 시설 사진 촬영 금지'라는 팻말이 있고, 부대 정문 초소 경계병이 24시간 지키고 있다. 군사 규제가 엄연한 현실임을 말해 준다.

이제 그 소외의 고리를 끊기 위해 변화가 필요하다. 위기 속에서도 접경지역에는 새로운 경제 도약의 가능성이 있다. 바로 지정학적 위치와 기술 발달이다.

공간적 제약이 컸던 제조업 등 기존 산업에서 이제는 공간적 유리함과 불리함의 상관성이 적은 새로운 산업이 꿈틀대고 있다. 이는 인공지능과 사물인터넷 기술, 반도체, 화학, 전기 등

TIP 6차 산업

1, 2, 3차 산업을 복합해 농가에 높은 부가 가치를 발생시키는 산업을 말한다. 이를 '농촌 융복합 산업'이라고 한다. 농산물을 생산에 그치는 것이 아니라 농가가 고부가 가치 상품으로 가공하고, 향토 자원을 이용해 체험 프로그램을 운영하고, 관광 상품화하는 등 서비스업으로 확대해 높은 이익을 얻을 수 있는 산업 분야이다. 다양한 응용과 변형이 가능한 6차 산업을 통해서 창의적이고 안정적인 지역 일자리를 만들어 낼 수 있다.

다양한 산업의 기술들이 일취월장 성장하고 있기 때문이다. '새 지평(New Horizons)'의 시대가 되었다. 대한민국 접경지역은 지금껏 가보지 못한 6차 산업화의 길을 개척해 볼 곳으로 주목받고 있다.

그래야 기존 소외 지역에서 성장 지역으로 변모할 수 있다. 전기 자동차를 생산하고 수소 산업에 도전하여, 낙후 지역이라는 인식에서 미래 도시로 탈바꿈하고 있다. 이미 접경지역과 비슷한 교통망과 산업 규모를 가진 지역에서도 특별한 성장을 보이기에 접경지역의 발전 가능성도 충분하다.

강원도 강릉, 삼척, 동해, 평창을 중심으로 한 전국 유일의 액화수소 규제 자유 특구 조성이 진행되고 있다. 이는 차세대 에너지원인 수소를 활용해 산업화하는 에너지 전쟁의 최전선이 될 것이다. 강원도 춘천·원주 디지털 헬스케어 규제 자유특구와 인공지능 정밀의료산업 규제 자유특구는 기존의 의료 체계를 뛰어넘어 ICT를 활용한 원격 진료, 인공지능 기반 디지털 치료제 개발에 도전하고 있다.

철도망이 없는 강원도 홍천군은 생명 산업을 육성하고 있다. 코로나19와 같은 바이러스 감염병 치료제 개발과 연구의 기초를 쌓아 미래 핵심 성장 동력으로 육성하는 첫 단계를 만들고 있다.

강원도 횡성에서는 2020년부터 전기차를 생산하면서 '완성차 제조'라는 강원도의 숙원을 풀었다. 다양하고 방대한 산업 기반이 필수인 내연기관 완성차 제조는 강원도가 꿈도 꿀 수 없던 일이었다. 그러나 이제 전기 자동차 제조가 착착 이뤄지고 있다. 변화에 대한 열망에 신기술을 겸비한다면 척박한 환경의 강원도 접경지역에서도 앞서 나갈 수 있다는 것을 입증한 것이다.

성장 잠재력은 또 있다.

미래 남북 간 본격적인 평화시대와 통일시대가 되기 이전에도 성장할 수 있는 잠재력이다. 그 잠재력은 DMZ라는 세계 유일무이한 생태적 환경이 자리잡고 있기 때문이기도 하다. 생명 산업과 생태 교육, 평화 관광 등의 최적지가 될 수 있다. 생태 환경의 보호와 교육, 연구를 위한 토대 위에서 물류 인프라의 영향을 적게 받는 최첨단 산업, 6차 산업을 육성해 나간다면 접경지역은 소외 지역에서 성장 지역으로 발돋움할 수 있을 것이다.

DMZ와 접경지에
색을 입히다

변화의 필요성에 대한 대안을 먼저 찾고, 또 고민하는 사람들이 접경지역 주민들이다. 이들은 촘촘해지는 관광 산업에 6차 산업과 신기술 산업, 평화 산업이 더해지며, 더 강력한 효과가 생기기를 희망하고 있다.

접경지역 주민들은 DMZ 생태와 주변 환경적·지형적 자원을 적극 활용하여 새로운 산업을 개척하고 있다. 현재는 시작의 단계이기에 미미한 움직임처럼 보이지만 시간이 흐르면서 큰 물결이 될 것이다. 그런 성과를 보여주는 시도로 평화와 생명, 신기술 산업에 도전하는 것 등이다.

이처럼 크고 작은 변화가 접경지역에 생기고 있다. 이러한 변화를 가능하게 하는 건 접경지역 자원의 특별함이다. 접경지역에는 6·25전쟁 후 복원된 우수한 생태 자원, 역사·문화 자원 등이 풍부하게 산재해 있다. 역사적으로 한반도 중심에 위치하여 귀중한 역사·문화적 유산이 다양하게 포진하고 있다. DMZ를 중심으로 치열한 전투가 벌어진 곳이라 6·25전쟁 전후의 흔적을 담은 역사적 유물도 많이 남아 있다.

특히 현재 국방 개혁과 군장병 위수 지역 해제, 미활용 군부대 땅에 대한 대안 역시 관광 산업으로 재탄생시킬 계획들을 세우고 있다. 요즘 인기를 끄는 캠핑장과 어린이 놀이터, 사계절 휴식 공간, 수목원 등으로 재단장이 이뤄지고 있다. 관광 산업의 특성상 주변 식당과 상점 등으로의 경제 파급 효과가 크기에 접경지역 지방자치단체는 지역 특유의 생태 환경·문화·역사 자원을 활용한 다양한 관광 시설을 확대하는 추세다.

접경지역은 향후 인적·물적 교류의 중심지가 될 것이다. 남북한 주요 교통망이 이곳을 통과하기 때문에 남북한의 연결은 물론 대륙과의 연결 통로가 될 수 있다. 수도권과 근접해 있고, 동북아 경제권 배후 시장과 지리적으로 인접하여, 지역 경제 발전 측면에서도 경쟁력이 높다.

01 강원도 인제군에 있는 북위 38도선 표지석과 그 인근의 빙어축제 조형물
02 접경지역의 군의 대규모 훈련 모습

그동안 국토 이용의 사각지대에 놓였던 접경지역은 통일 한반도를 생각했을 때 우리 민족에게 또 다른 기회의 땅이다. 그렇기에 통일시대를 대비한 투자와 관심이 필요하다. 안정적인 주민의 경제 활동과 고부가 가치를 지닌 미래 지향적 경제로의 성장이 가능해지고, 필요해진 시기다.

이런 변화가 거듭되면서 '접경'이라는 차가운 '경계'의 이미지가 생동감 넘치는 따스한 '삶의 터전'이라는 색으로 물들어 갈 것이다. 무채색 도심 풍경에 지역의 역사와 문화를 간직한 담장 벽화를 그려 넣고, 닫힌 공간을 누구나 이용할 수 있는 활동의 공간, 평화의 공간, 즐거움의 공간으로 만들며 화사한 변화가 시작되었다. 이제 접경지역이 과거의 소외된 지역을 넘어 미래의 중심지로 도약할 수 있는 계기를 만들고 있다.

이를 제도적으로 뒷받침하기 위해 2024년 6월부터 '강원특별자치도 설치 및 미래산업 글로벌도시 조성을 위한 특별법'이 시행됐다. 이른바 '강원특별법'이다. 강원도는 명칭도 강원특별자치도로 바꾸었다. 규제 완화를 위한 특례 적용과 개발 예산 지원 근거를 마련한 것이다.

통일의
잠재력과 가능성

　지금껏 평화와 통일을 위한 노력이 없었던 것은 아니다. 오히려 꾸준히 통일을 위한 노력이 이어져 왔다. 남북 분단 이후 평화와 통일을 위한 여정들을 함께 살펴보자.

　1972년 7·4 남북공동성명이 발표됐다. 역사적 성명이다. 남과 북이 분단 이후 26년 만에 처음으로 위태위태한 대립을 풀고 통일에 관해 합의한 성명이다. 7·4 남북공동성명에서 합의된 통일 원칙은 '자주적, 평화적, 민족 대단결' 세 가지였다. 남북은 이 공동 성명을 근거로 남북조절위원회를 구성했다. 그러나 통일을 위한 진전된 대화를 이어가는 듯했지만 구체적 성과는 부족했다.

　1990년 제2차 세계대전으로 동독과 서독으로 분단됐던 독일이 통일되었다. 분단 45년 만이었다. 이후 세계에서 한반도가 유일한 분단국으로 남게 됐다.

2000년에 또 한 번의 획기적 만남이 있었다. 남북 정상회담이다. 정상회담을 이끌어낸 이는 1998년 취임한 김대중 대통령이다. 대한민국 제15대 대통령인 그는 북한 평양을 직접 방문해 6·15 남북공동선언이라는 합의를 만들어냈다. 남과 북이 55년 만에 경제·문화·체육·예술 등 여러 방면에서 교류를 넓히기로 약속했다.

6·15 남북공동선언을 계기로 이산가족 방문단 상봉과 경의선 복구, 금강산 관광, 개성공단 설치 등 남북 교류가 본격화됐다. 2000년 시드니올림픽에서는 남과 북 선수단이 공동 입장하는 장면도 연출됐다. 2002년 부산아시안게임에도 북한이 참가하게 되었다. 경기장 곳곳에서는 남과 북이 함께 선수들을 응원하며 분단이라는 장벽을 뛰어넘는 감동을 줬다.

6·15 남북공동선언에 이어, 2007년 노무현 대통령이 두 번째 정상회담을 이끌어냈다. 10·4 남북정상선언으로, 한반도의 평화와 번영을 위한 남과 북의 협력 가능성을 키워 나가게 되었다.

하지만 한반도 평화와 통일의 걸림돌인 남북 대립이 반복됐다. 평화의 불확실성이 커지면서 남과 북의 긴장도 좀체 줄지 않았다. 특히 2002년에는 북한 경비정이 서해안의 북방한계선을 넘어와 우리 해군과 교전을 벌이는 상황까지 치달았다. 2008년 7월에는 금강산 관광객 피격 사건이 발생하며 금강산 육로 관광도 중단됐다. 2010년 이후, 북한의 핵무기 개발은 한반도에 커다란 긴장감을 불러일으키고 있다.

한반도는 휴전 상태에서 막대한 국방비를 쓰고 있다. 평화 분위기 속에서도, 언제 전쟁이 다시 일어날지 모른다는 긴장감이 한편에 있다. 젊은이

01 2018 평창 동계올림픽 당시 북측 응원단이 통일부가 준비한 만찬에 참석해 서로 손을 맞잡은 모습
02 2018 평창 동계올림픽 북측 응원단 인제스피디움 체류 모습

들은 국방의 의무를 진다. 국민이 감당해야 할 의무이기는 하지만 부담이 큰 게 현실이다.

남과 북의 인재와 자원을 합쳐 지금보다 더 효과적으로 활용해 발전된 한반도로 나아가고, 전쟁의 위협과 불안을 가장 평화적인 방법으로 영구히 없애기 위해서는 우리에게 통일이 필요하다. 통일은 한반도 발전의 새로운 전환점이 될 것이다.

전 세계적 고민거리로 부각되고 있는 기후 변화 문제도 그러하다. 언뜻 한반도 통일과 기후 변화 문제가 어떤 연관이 있을까 의아하게 생각할 수도 있다. 하지만 통일과 연관성이 깊다. 지구 온난화 등 기후 위기 추세가 계속된다면 어떻게 될까? 기후 위기로 심각한 가뭄이나 폭우, 고온 현상이 발생해 동·식물 등 많은 생태 자원이 사라질 수 있다는 위기의식이 높아지고 있다.

이런 생태계 변화는 결국 사람에게 가장 큰 피해를 줄 것이다. 한국환경정책평가연구원에 따르면 온실가스 감축 노력을 하지 않을 경우 2100년까지 누적 피해 비용이 3,128조 원이 될 것이라고 추산했다.

이러한 기후 위기와 피해는 '한국'에 국한된 문제가 아니다. 한반도라는 같은 공간에 있는 '북한'과 함께 연관된 문제이다. 남북한은 붙어 있어 어느 한쪽이 위험에 노출되면 서로에게 직접적 영향을 미칠 수밖에 없는 지정학적 특징을 가지고 있다. 2020년 여름에 발생한 폭우를 생각해 보면 쉽게 이해할 수 있다. 북한 접경지역에 내린 폭우는 하천을 따라 남한에도 큰 피해를 주었다.

이 때문에 식량과 자연재해 등 중대한 위험을 동반하는 기후 위기는 남과 북의 공동 대응 문제이다. 이런 측면에서 기후 위기에 대한 남북한 협력은 보다 안전한 대한민국을 위해 절박하고 중요한 문제로 대두되고 있다. 구체적으로 임진강 유역을 남과 북이 공동으로 관리하는 방안과 DMZ 인근 접경지역에서 기후와 관련된 연구를 진행하거나 친환경 미래 자원의 연구 개발 방안 등의 구체적인 협력 방안도 조금씩 제시되고 있다.

실제 2020년 12월 환경부는 강원도 접경지역 5개 지역을 대상으로 정부의 '스마트그린도시' 조성 사업을 시작했다. 강원도와 철원, 화천, 양구, 인제, 고성군에 총 100억 원의 예산이 지원돼 가뭄에 대비한 수자원 통합 시설과 호흡기 질환 예방을 위한 도시 대기 측정망 등이 설치된다. 또 기후 변화 적응 수자원 통합 관리 구축 사업과 한반도 기후 변화 완충 지대 조성 등을 진행할 계획이다.

이러한 남북한 공동의 문제에 서로 협력하면서 효율적으로 대처해 나간다면 위기 대처 능력은 월등하게 높아질 가능성이 크다. 위기를 해결하고 효율적으로 대응하는 것만큼 한반도의 성장 잠재력은 더욱 높아질 것이 분명하다. 게다가 협력의 과정에서 평화의 기틀이 튼실해지고, 나아가 통일로 가는 길도 더 가까워질 것이다.

이러한 협력의 연장선에서 DMZ는 통일의 중심에 놓여 있다. 남과 북이 이어지는 통로이기에 DMZ와 접경지역은 평화시대에 그 의미가 더욱 남다르다. 남과 북의 경계가 허물어지며 통일의 첫발을 내디딜 수 있는 곳은 DMZ뿐일 것이다. 이는 남과 북, 어느 한쪽만의 노력으로 보존하거나 활용할 수 있는 일방적 공간이 아니다. 한반도 중심에 놓여 남북이 함께 접하는 곳이기 때문에 힘을 합쳐 포용해야 하는 특별한 공간이다.

남과 북이 '함께' DMZ와 접경지역의 생태 자원, 역사, 문화를 공동으로 개발·연구하고, 끊임없이 성장시키고, 협력할 수 있는 곳이 DMZ와 접경지역이다. 그렇기에 한반도의 새로운 통일의 길을 만들 수 있는 잠재력과 가능성을 지닌 곳이다.

독일의 베를린 장벽이 무너진 것처럼 70년 동안 한반도를 갈라놓은 휴전선이 사라지는 날을 기약하고, 준비하고, 실천해야 한다. 통일에 대한 여러 목소리를 귀담아들으며 한 걸음씩 앞으로 나아가야 한다. 통일은 더 나은 대한민국을 위해 꼭 필요하기 때문이다.

남과 북의 경제, 사회, 문화적 차이 등 크고 작은 갈등을 걱정하며 통일에 반대하는 목소리도 있다. 새로운 시작에서 생길 수 있는 초기 혼선의 피해를 우려하며 현재 분단 상황을 유지하자는 의견이지만, 더 큰 미래의 발전과 한반도의 도약을, 미래 세대의 성장을 위해 불안을 확신으로 감싸 안고 나아가야 한다.

통일은 꼭 우리의 모두 힘으로 이뤄내야 한다. 소수 사람만의 의지로 통일이 이뤄져서는 안 된다. 또 그런 방식으로는 통일을 이룰 수도 없다. 남과 북의 하나 된 힘으로, 지구촌 모두의 지지로 만들어낸 평화적 통일만이 완전한 '코리아'를 만들고 발전시킬 수 있기 때문이다.

지금도 수많은 이산가족이 북녘 하늘을 바라보면서 갈 수 없는 고향을 그리워하고 있다. 고향에 두고 온 부모, 형제, 친척, 친구들을 그리워하고 있다. 이산가족 상봉 장면을 볼 때마다 갈수록 고령화되고 있는 이들의 간절함이 새삼 다가온다. 사랑하는 가족과 헤어져 수십 년의 시간을 보내는 이산가족을 위로할 수 있는 방법은 오직 통일뿐이다. 자유로운 왕래와 만남이 가능한, 인도적 민간 외교 활동을 꾸준이 추진하려는 노력이 지금도 진행 중인 이유이다.

한반도 국토정중앙면

강원도 양구군 국토정중앙면 도촌리 일원

강원도 양구에서는 한반도의 중앙을 만날 수 있다. 한반도의 지정학적 위치상 양구군이 정중앙이라, 그 지점을 찾아서 정중앙면이라는 행정구역으로 개칭한 곳이 있다. 원래 행정구역은 남면이었다.

정중앙면은 전형적인 농촌 지역이다. 농사를 짓고 농사 이외의 지역은 가파른 산지거나 사격장 등 군부대 시설이 대부분이었다. 10여 년 전에는 이 마을에서 '양구 곰취축제'가 열리기도 했다. 곰취 생산 농가가 많았기 때문이다. 곰취축제가 도시민의 접근성이 좋은 다른 지역으로 옮겨져 개최된 이후 마을의 활력은 크게 떨어졌다. 인구도 고령화되고 줄어들었다. 주민들의 경제 활동이 농업에 국한되어 있었기 때문이다. 하지만 최근 들어 맑은 공기와 청정한 계곡을 찾아오는 관광객을 위한 캠핑장, 카페, 야외쉼터 등 문화 시설이 들어서고 있다.

전국적인 캠핑 열풍 속에 DMZ와 인접한 청정 지역에 캠핑족 등 관광객이 찾

아오며 활기가 더해지고 있다.

학생 수가 급감해 폐교를 했던 초등학교 건물은 '농촌 마을 체험장'으로 변신해 도시 체험객을 맞이하게 됐다. 활기를 잃어 평일 낮 시간이면 강아지 짖는 소리만 들리던 시골에 차량의 왕래가 이어지고, 한적한 숲길을 관광객이 산책하고, 마을 곳곳이 아이들이 뛰노는 공간으로 탈바꿈하고 있다.

이러한 변화를 가능하게 한 이유 중 하나는 시골 마을로 이어지는 접근 도로가 좋아진 덕분이다. 구불구불한 길은 곧게 뻗은 넓은 도로로 확장되어 이동의 편리함이 더해졌다. 양구군 남면에서 정중앙면으로 명칭만 바뀐 것이 아니라 삶의 여건이 변화한 것이다. 옛날의 군부대 주둔 지역에서 이제는 생활의 거점 공간으로 점차 변모해 가고 있다.

관광객들이 오면서 청정 지역에 쓰레기가 생기고, 오가는 차량이 늘면서 농번기에 번잡해지기도 했다. 그러나 주민들은 계곡과 산림, 폐교, 지역의 문화·전통 등 소중한 자원을 방치하면서, 활기 없이 주민만 살아가는 공간이기보다는 다양한 활용으로 활력이 넘치는 장소가 되는 것을 선택했다.

농업 이외 주민 소득이 생기고, 외부 사람들과의 새로운 관계가 형성되는 등 많은 변화를 양구군 정중앙면 주민들이 긍정적이고 적극적인 자세로 받아들인 결과이다.

인제 라이딩센터

강원도 인제군 상남면 미산리

미산리는 2017년 6월에 완전 개통한 서울양양고속도로가 관통해 지나가는 산골 마을이다. 그런데 이 마을로 진입하려면 내린천 강물을 따라 이어지는 구불구불한 31번 국도를 별도로 이용해서 내려가야 한다. 그런 까닭에, 수도권에서 동해안으로 이어지는 가장 빠른 길이 생겼지만 이 작은 시골 마을은 수많은 차량이 그냥 지나치는 마을이 되었다.

그런 이 산골 마을에 '인제 라이딩센터'가 들어섰다.

알록달록한 색깔로 외부를 장식한 인제 라이딩센터는 자전거 동호인을 대상으로 숙박·휴식처를 제공하고, 농·특산물 구입이 가능한 관광 체험 시설이다. 고령의 마을 주민을 대상으로 자전거 배우기 등 농촌 마을의 활력을 높이는 역할도 담당하고 있다. 이 라이딩센터는 마을 주민 50여 명이 모여 만든 협동조합에서 운영하고 있다.

내린천을 따라 자전거를 타고 다니는 동호인의 방문이 이어지고 있다. 아름다운 경관에 차량의 통행이 적어 '라이더'들에게 인기가 높아져 '설악그란폰도'라

01 02 인제 상남면 라이딩센터 모습

는 국제 자전거대회도 열리고 있다.

마을 주민들은 전문적 운영이 필요한 '라이딩센터'를 위해 다양한 전문가와 머리를 맞대고 있다. 자전거 전문가를 초빙해 센터 운영의 효율을 높이고, 회계 전문가에게 자문을 구하고, 지속 가능한 경영을 공부하고 있다. 센터 운영으로 생기는 수익을 마을 발전을 위해 재투자하는 방안도 논의하고 있다.

고속도로를 달리며 그냥 스쳐 지나가던 산골 마을에 획기적인 변화가 일어난 것이다. 지역 특성과 경관 자원, 마을 주민의 열의가 함께 일궈낸 활기 넘치는 모습이다.

인제 라이딩센터 전경

인제 구상나무 조림지 강원도 인제군 남면 남전리

남전리에는 구상나무 조림지가 있다. 산림청이 구상나무 자생지 확대를 위해 2018년부터 이 지역에 5만m² 넓이, 6,500여 그루의 구상나무 조림지를 만들었다. 소나무과에 속하는 구상나무는 모양이 아름다워, 크리스마스트리나 관상용 나무로 많이 사용된다.

구상나무는 주로 한라산과 지리산, 덕유산 등 일부 지역에서 군락을 이뤄 자생하는 우리나라 고유 수종이다. 지구 온난화의 영향으로 최근 자생 군락지가 빠르게 줄어 2013년 멸종 위기종으로 지정됐다. 이런 크리스마스트리가 강원도 인제군 최전방 지역에서 군락을 이뤄 자라고 있는 것이다.

이 지역은 6·25전쟁 당시인 1951년 5월 16일부터 18일까지 사흘 동안 국군과 중공군의 치열한 전투가 벌어진 격전지다. 국방부의 전사자 유해 발굴 작전으로 50여 구의 순국선열을 수습한 곳이기도 하다. 6·25전쟁 격전지에 피어나는

01 인제군 남면 구상나무 조림지
02 구상나무 새싹

크리스마스트리가 이채롭다. 이곳 주민들은 마을기업을 만들어 구상나무의 보습·항균 효과를 활용한 비누와 화장품, 관광 상품을 만들어 판매하면서 기업 활동을 하고 있다. 더불어 노인 일자리 사업도 병행하여 고령층의 경제적 참여도를 높였다. 한겨울 농한기에는 마을 주민이 다양한 활동에 함께 참여하고 있고, 근래에는 외지에서 귀촌하는 사람도 늘고 있다.

인제군 남면 구상나무 조림지 내 햇살마을

철원 한탄강 주상절리길

강원 철원군 갈말읍 드르니길, 순담길 일원

철원 한탄강 주상절리길은 한탄강 유네스코 세계지질공원에 만들어졌다. 총
길이 3.6km, 폭 1.5m이다. 한탄강의 대표적인 주상절리 협곡과 다채로운 바위
로 가득한 순담계곡에서부터 주상절리 절벽을 따라 걸을 수 있도록 인공 구조
물을 설치한 길이다. 이곳에서는 아찔한 스릴과 아름다운 풍경을 동시에 경험
할 수 있다. 한 달 평균 6만 명의 관광객이 주상절리길의 매력을 경험한다. 멀
리서 바라보는 관광 자원을 더 가까이 체험할 수 있도록 하여, 역사 관광 자원
의 가치까지 느낄 수 있게 한, 지역 관광 상품으로 높이 평가받고 있다.

01 철원 한탄강 주상절리길을 감상하고 있는 관광객
02 강원도청 환경과에 걸려 있는 국가지질공원 인증패

연천 임진강 댑싸리공원 경기 연천군 중면 삼곶리

임진강 댑싸리공원은 프랑스 파리 근교에 있는 인상파 화가 '클로드 모네'의 지베르니 정원이 연상되는 곳으로, 연천군 중면 삼곶리 임진강에 2021년 개장했다. 연천군과 주민들이 협력해 임진강 일원 23,000m² 면적에 댑싸리 2만 2천 그루를 심어 공원으로 만들었다. 임진강은 함경남도 덕원군 마식령 산맥에서 발원해 황해북도 판문군과 경기도 파주시 사이에서 한강으로 흘러들어 황해로 이어지는 한강의 제1 지류이다.

댑싸리는 명아주과의 한해살이풀로 대싸리라고도 한다. 어른 가슴 정도 높이인 1m 정도로 곧게 자란다. 줄기는 녹색이었다가 붉게 돼 가을철이면 파도처럼 일렁이는 붉은 댑싸리가 되며, 이러한 군락은 감성적 풍경을 연출한다. 이국적이고, 낭만적 풍경을 즐기려는 사람들이 이 공원을 찾고 있다.

댑싸리공원 전경 (연천군 제공)

양구 해안야생화공원

강원 양구군 해안면 오유리 (펀치볼로)

양구 해안면은 여러 산봉우리에 둘러싸인 산간의 침식 분지다. 세숫대야처럼 주위가 솟아오르고, 가운데가 펑퍼짐하게 낮은 지형이다. 6·25전쟁에 참전한 미군의 눈에 비친 모습이, 서양의 그릇 모양을 닮았다고 해 '펀치 볼(punch bowl)'이라고도 불렸다. 6·25전쟁 당시에는 도솔산 전투 등의 격전지였다.

이런 역사적 배경이 있는 양구 해안면에 25만m² 넓이의 양구 해안야생화공원이 있다. 이곳은 처음에 관광지로 조성됐지만, 지금은 양질의 야생화를 건조해 화장품 회사나 바이오 회사에 납품하는 기업들이 자리하고 있기도 하다. 양구 해안야생화공원에서는 고랭지와 분지 지형의 특색을 이용하여 '개느삼'과 '금계국' 등 다양한 북방계 야생화를 재배하고 있다.

2019년부터 강원도 양구군과 주민들이 힘을 합쳐 사업비 12억 원을 들여 야생화를 활용한 산업을 한 게 시작이었다. 2년이 조금 지난 2021년 말부터 고품질

01 02 양구군 해안면 야생화공원 전경

의 야생화를 건조해 화장품 회사와 바이오 기업에 납품하면서 소득을 올리고 있다. 또 지역 주민 20여 명을 고용해 시골 마을의 일자리 창출에도 큰 역할을 하고 있다.

양구 해안야생화공원은 야생화의 항노화와 항암 등 유효 성분을 활용해 향료 원료를 직접 추출해 먹거리 산업과 화장품 산업에 적용 범위를 넓힐 계획이다. 다만 접경지역의 어려운 물류 여건을 고려해 직접 제품 생산으로 확장하지는 않을 방침이다. 대신 자체 브랜드 개발과 안정적 판로 확보에 집중하면서 생명 산업의 선두 주자로 성장할 계획을 가지고 있다.

01 야생화에서 추출한 원료로 화장품 등을 만들어 보는 체험장 간판
02 야생화 단지의 봄
03 야생화 단지에 핀 노란 야생화

철원 플라즈마 산업단지

강원도 철원군 근남면 사곡리

강원도 철원군에서는 플라즈마(Plasma) 산업이 성과를 내고 있다. 이는 철원과 어울리지 않는 첨단 산업이라 생각할 수 있지만, 철원군이 오랜 시간 육성해 온 성과물이다. 철원군은 지식 기반 산업 육성을 위해 2005년 철원 플라즈마 산업기술연구원을 설립하였고, 플라즈마 원천기술을 이용한 선진 농업, 바이오 분야, 디스플레이 등 첨단 산업을 육성하기 위하여 2021년 '플라즈마 일반 산업단지'를 조성했다.

철원 플라즈마 산업기술연구원은 플라즈마 기술로 나노소재 생산을 위한 핵심 연구 기반을 갖추고 있다. 친환경적이고 경제성 있는 나노소재를 생산할 수 있는 세계적인 수준에 다가가고 있다. 이에 따라 접경지역이라는 특수성, 낙후된 산업 인프라로 기업 유치가 불가능하다고 여겨지던 철원군이 첨단 기업의 집적지로 도약할 수 있는 계기가 마련되었다. 철원군은 앞으로 플라즈마 산업을 육성해 역동적인 발전 기반을 구축하여 세계적인 플라즈마 혁신클러스터를 만들 계획이다. 농업 기반의 지역 소득원에서 벗어나 자립적인 재정 능력을 확보하고, 지역 자립 기반 조성을 위하여 플라즈마 산업을 키우고 있다.

> **TIP** 플라즈마
>
> 플라즈마는 전기를 띠는 기체다. 자연 상태로 존재하는 대표적인 플라즈마로는 번개나 극지방의 오로라를 들 수 있다. 플라즈마가 생성될 때 나오는 빛이나 이온, 전자, 열 등을 이용하는 산업을 플라즈마 산업이라고 한다. 플라즈마 기술이 핵심인 산업에는 반도체 산업, 의료기기 산업, 조명 산업, 디스플레이 산업, 전자부품 및 소재 산업, 전자빔 응용 산업 등이 있다. 플라즈마 기술은 첨단기술의 원천기술로 다양한 미래 첨단 산업에 적용 가능하다. 선진 농업 및 바이오에서의 청정 멸균 기술, 고기능 농기계 부품, 생체재료 표면 처리에 응용될 수 있다.

파주 출판도시

경기도 파주시 문발동

파주 출판문화정보 국가산업단지는 지식과 정보를 창출하는 중심 기지의 역할을 담당할 목적으로 문화 관광지 형태로 개발되었다. '출판의 경제적 활동 거점', '첨단 정보산업기지', '출판을 매개로 한 문화중심기지'를 목표로 삼고 있다. 경기도 파주시 문발동 일대 약 48만 1천 평 면적에 1조 원의 사업비를 투자하여 조성한 산업단지다.

1989년 9월 5일 파주 출판문화정보산업단지 건설추진위원회 발기인 대회를 하였고, 1997년 3월 31일 국가산업단지로 지정되었다. 1998년 11월 20일 단지 조성 공사 기공식을 가졌다. 1999년 9월 9일 단지 조성 현장에 기획본부 역할을 담당할 '인포메이션센터'가 개관했다.

2001년 3월 입주사 사옥 건축 공사를 시작했고, 1차 입주는 2002년 상반기에 이뤄졌다. 공사가 모두 완료된 2005년까지 파주 출판단지사업협동조합에 5백여 개 출판사, 50개 인쇄사, 1개 대형 도서유통사가 가입하였다. 단지 구성은 출판사·인쇄소·제본소 등이 있는 생산지구, 서점·도서관·유통창고·은행 등이 있는 유통센터, 전시장·박물관·출판연구소 등이 있는 문화센터, 그 밖에 아시아출판문화정보센터와 출판물종합유통센터 등으로 이루어졌다. 한국의 웬만한 출판사와 인쇄소의 반 이상이 이곳에 있다. 오랜 기간 세밀한 계획으로 조성된 파주 출판문화정보 산업단지는 입주 회사에 세금 등의 혜택이 있어 이후로도 많은 출판사가 차례로 들어왔고, 현재도 들어오고 있다. 출판도시 영역에서 주변 교통 기반이 개선되면서 다양한 공공 기업과 기업체가 속속 유치되며 경제 효과를 높이고 있다.

파주 출판도시 (파주시 제공)

TV나 개인 소셜 미디어 등에 소개되는 유명 관광지 소식을 보다 보면 직접 가보지 않아도 그곳에 대해 갖게 되는 느낌이 있다. 자신의 여행 취향과 어울리는지, 실제로 그곳을 찾아갔을 때 어떤 느낌이 들지 등을 짐작해 볼 수 있다.

북한과 중국이 접해 있는 북중 접경지역인 중국 단둥역에 가면 북한으로 가는 사람들과 북한에서 오는 사람들이 뒤섞여 있다. 조선말이 쉽게 들려온다. 한글 간판이나 한글 문구도 여러 곳에서 눈에 띈다. 활력이 넘치는 곳이다. 북한 사람들은 비교적 자유롭게 단둥역을 오간다. 다른 나라라는 어색함이 아닌 자유롭고, 편안한 표정으로 역 광장을 다니고, 열차 승차권을 사고, 짐을 싣고, 배웅 나온 사람들과 손을 흔들며 인사한다. 일상적인 모습이지만 이런 모습은 분단의 한쪽인 대한민국 사람에게는 낯설고 놀라운 풍경이다.

통일이 되면 한반도 역시 비슷한 풍경이 바람처럼 번져 나갈 것이다. 육로와 철도, 선박, 비행기를 타고 서울에서, 제주도에서, 강원도 철원에서, 경기도 파주에서 평양으로, 개성으로, 신의주로 자유롭게 갈 수 있을 것이다. 그런 날을 꿈꾸어 본다.

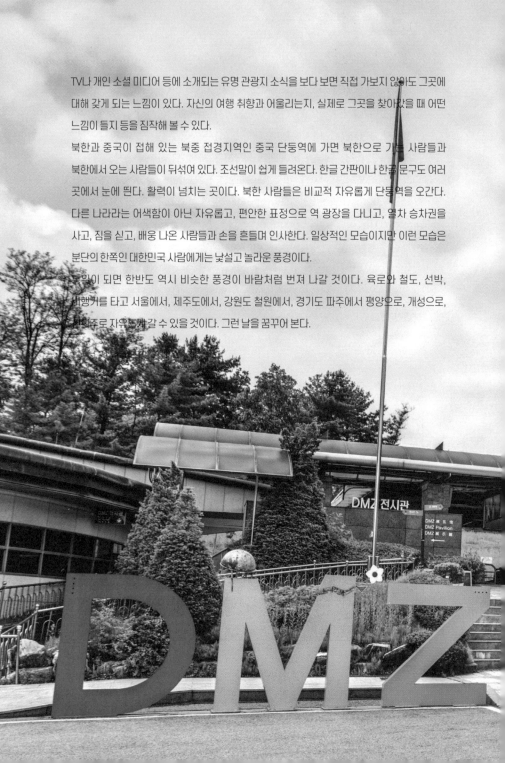

PART 03

접경지,
역사문화답사길

강원 접경지 답사

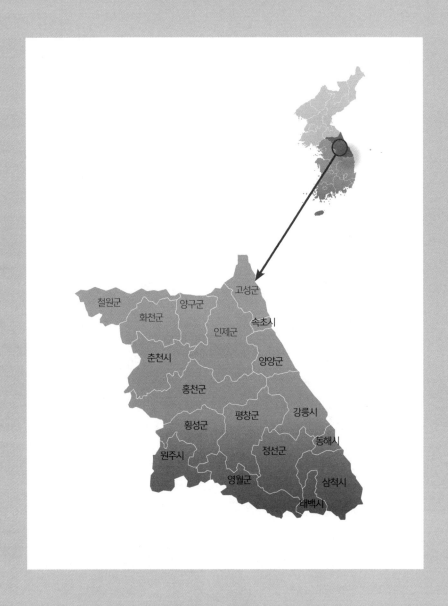

철원군

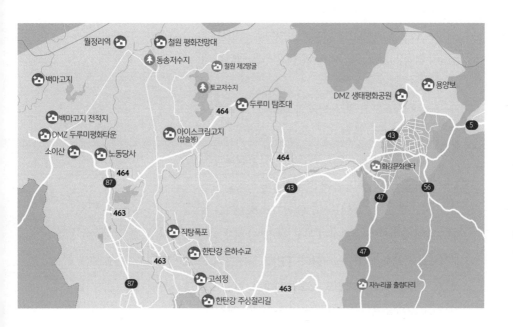

철원군은 생태 자연 경관, 역사·문화, 평화·안보, 레포츠 등 다양한 분야의 훌륭한 관광 자원을 보유하고 있다. 국내 다른 지역과 달리 철원의 중부 지역은 거대한 용암대지가 형성되어 넓은 평야를 이루고 있다. 한탄강은 곳곳에 주상절리가 발달하여 우수한 하천 경관을 보유하고 있다. 넓은 평야와 DMZ와 인접한 청정 자연환경은 철새들의 안식처로, 국내 최대의 두루미와 재두루미의 서식처로 알려져 있다. 6·25전쟁의 흔적과 분단 역사를 체험할 수 있는 땅굴, 전망대, 전적지, 전적관 등 안보 자원과 궁예도성 등 역사·문화 자원도 보유하고 있다.

철원 한탄강 주상절리길을 따라가다 보면 새로 생긴 다리를 만나게 된다. 철원 **한탄강** 은하수교이다. 은하수교는 별들로 이루어진 길이라는 뜻으로 이름 지어졌다. 2021년 준공된 이후 관광 명소로 자리잡은 곳이다. 주상절리 협곡인 한탄강을 가로지르는 다리를 건너는 아찔함이 매력적이다.

인근에는 **직탕폭포**가 있다. 한국의 '나이아가라폭포'로 불리는 곳이다. 한탄강 협곡의 기암절벽 사이에 자연적인 일자형 기암으로 이루어진 폭포이다. 그 웅장함과 기묘함 그리고 아름다움이 겹쳐 철원 9경 중 하나로 손꼽히고 있다. 폭 80m, 높이 3m로 떨어지는 물소리를 들으며 산책하기 좋다. 겨울이면 꽁꽁 얼어붙은 폭포수의 결정체를 감상하는 것도 신비롭다. 주변에 있는 철원 고석정은 다양한 볼거리와 편의 시설을 갖추고 있다.

직탕폭포에서 북쪽으로 자동차로 15분 거리에 DMZ 두루미평화타운과 **아이스크림고지** 두루미생태탐조대가 있다. 겨울철이면 천연기념물인 두루미를 볼 수 있다. '아이스크림고지'의 이름은 **삽슬봉**이다. 모양이 투구 같

01 02 높이 3m의 낮은 폭포지만 유량이 많아 유렁찬 소리를 내며 흐르는 직탕폭포의 여름과 겨울

DMZ 두루미평화타운 (철원군 제공)

철원 소이산 역사문화공원

다 해서 투구봉으로도 불린다. 평야 지대에 솟아 있는 해발 219m의 야트막한 산이지만, 입지적 이점이 커 6·25전쟁 때는 치열한 쟁탈전과 포격이 극심해 산이 마치 아이스크림 녹듯 흘러내렸다 하여 '아이스크림고지'란 별명이 붙었다. 이곳은 민통선 안에 위치한 곳으로, 개별 출입이 불가하다. DMZ 두루미평화타운에서는 안보 관광지 버스 투어를 운영하고 있어 '철마는 달리고 싶다'로 유명한 남방한계선 최북단에 자리한 **월정리역**도 탐방할 수 있다. 6·25전쟁으로 운영이 중단된 월정리역은 서울에서 원산까지 이어지던 경원선의 기차역이었다.

철원에는 평야가 있다. 산악 지대인 강원도에 드넓은 평야가 있다는 게 흥미롭다. 철원평야는 해발고도 200~500m에 펼쳐진 650km² 면적이다. 신생대 제4기, 여러 번에 걸친 현무암 분출로 형성된 용암대지 위의 평야이기에 이색적이다. 철원평야는 우리나라 남부 지방 평야와 비교하면 작은 편이다. 하지만 산림이 많은 강원도에서는 규모가 가장 큰 평야다. 현무암이 풍화된 비옥한 토양은 논농사에 적합해 강원도 최대의 곡창 지대로 발전했다.

탁 트인 철원평야를 조망할 수 있는 최적의 장소가 **소이산**이다. 철원 노동당사 인근에 위치해 있다. 소이산은 고려 시대부터 외적의 침입을 알리던 제1 봉수대가 있던 곳으로, 해방 이전 철원 역사의 중심지였다.

소이산은 평야에 우뚝 솟은 362m의 낮은 산으로 지뢰

꽃길과 봉수대 오름길로 나뉘어 있다.

소이산 정상에서 보이는 철원평야는 약 6천만 년 전 현무암 화산 분출로 생긴 용암대지로 넓은 평야가 발달해 제주도와 함께 현무암을 볼 수 있는 유일한 곳이다. 현재는 학생과 관광객이 찾아와 생태와 문화를 배울 수 있는 공간이 되었다.

소이산 모노레일

소이산에서 차로 1분 거리에 있는 곳이 **노동당사**이다. 노동당사는 2002년 5월 31일 근대문화유산 등록문화재 제22호로 지정돼 관리되고 있다. 1945년 8월 15일 광복 후 북한이 공산 독재 정권 강화와 주민 통제를 목적으로 세웠다. 한국전쟁 전까지 사용한 북한 노동당 철원군 당사로 악명을 떨치던 곳이기도 하다. 북한은 이 건물을 지을 때 성금이란 구실로 1개리당 백미(白米) 200가마씩을 착취하였고, 인력과 장비를 강제 동원했다고 한다. 특히 건물 내부 작업 때는 비밀 유지를 위해 공산당원 이외에는 들어갈 수 없었다고 한다.

철원 노동당사

노동당사를 보고 나서 꼭 봐야 하는 곳이 **백마고지 전적지**다. 차로 3분 정도 걸린다. 대중교통이 불편하기에 철원 관광은 자동차 이동이 불가피한 점이 있다. 백마고지 전적지는 백마고지 전투에서 희생된 아군과 중공군의 영혼을 추모하기 위해 건립하였다. '기념의 장', '회고의 장', '다짐의 장' 세 부분으로 나누어 치열했던 격전 현장을 재현하고, 높이 22.5m의 기념탑을 세웠다. '회고의 장'에는 전사자를 추도하는 위령비와 분향소가 있고,

'기념의 장'에는 통일의 염원과 전승을 기념하는 전적비와 함께 당시 백마부대 대장이던 김종오 장군의 유품을 전시하고 있다. 안보 관광지이자 살아 있는 교육의 장소로 의미가 크다.

철원군 김화읍 생창리에는 DMZ 생태평화공원이 있다. 환경부·국방부와 철원군이 공동 협약을 맺고 전쟁·평화·생태가 공존하는 DMZ의 상징적 메시지를 전 세계에 전달하기 위해 만든 안보·생태 관광지이다. DMZ 생태를 직접 체험할 수 있도록 탐방 코스가 마련돼 있다.

제1탐방로인 십자탑 탐방로와 제2탐방로 용양보 코스로 구성돼 있다. 십자탑 탐방로는 육군 제3보병사단에서 북한에 사랑과 평화가 전달되기를 기원하며 성재산 위에 설치한 십자탑을 전망 시설로 활용한 곳으로, 남북한의 철책과 진지를 직접 볼 수 있다. DMZ 내부의 자연 환경과 한반도의 냉전 현실을 가까이 느낄 수 있는 곳이다. 용양보 코스는 6·25전쟁 격전지 한가운데 위치한 곳으로 현재는 암정교와 금강산 전철의 도로원표에서 전쟁의 흔적을 느낄 수 있다. 특히 용양보는 통제구역 안에 있는, 국내에서 찾아보기 어려운 아름다운 호수형 습지이다. 철원 지역 DMZ는 천연기념물인 두루미와 재두루미, 독수리, 기러기 등 다양한 겨울 철새의 월동 지역으로, 휴전선을 넘나드는 철새 무리를 감상할 수 있다.

철원 동송저수지 인근에는 **철원 평화전망대**가 있다. 2007년 8월 준공한 2층 전망대에서 DMZ를 비롯하여 평강고

원과 북한 선전마을을 전망할 수 있다. 또 태봉국의 옛 성터와 철원평야까지 한눈에 바라볼 수도 있다. 철원 평화전망대에는 모노레일이 설치되어 있어 올라가는 동안 철원평야에 농업 용수를 대는 동송저수지도 볼 수 있다.

철원군의 대표적인 지역 축제는 화강 다슬기축제와 한탄강 얼음트레킹이다.

매년 8월 초 강원도 철원군 김화읍 화강 일대에서 **화강 다슬기축제**가 열린다. 다슬기라는 이색 자원이 핵심 주제인 가족 관광형 축제다. 김화 남대천 주민연구발전회가 주관하여 시작된 축제는 2009년부터 철원 화강 다슬기축제추진위원회가 조직되어 지역 주민과 가족 단위 관광객을 대상으로 하는 전국적 축제로 발전하였다. 제3보병사단의 가족과 함께하는 신병 수료식, 군 장비 전시 프로그램 등 다양할 볼거리, 즐길 거리를 제공하는, 지역을 대표하는 여름 축제로 발전하였다.

한겨울인 매년 1월 중순에 개최되는 **한탄강 얼음트레킹**은 철원군 한탄강 일원에서 진행된다. 한탄강 현무암협곡트레킹을 주제로, 주상절리 등 생태 가치가 우수하고 경관이 수려한 자연을 한탄강을 따라 강 위를 걸으며 볼 수 있는 기회는 철원 한탄강 얼음트레킹 축제 기간뿐이다. 태봉대교를 출발하여 송대소, 마당바위, 승일교를 경유하여 고석정까지 6km 구간이다. 전국에서 유일한 얼음트레킹 행사로, 매년 참가 인원이 늘고 있으며, 겨울철 대표 축제로 인기를 끌고 있다.

인제군

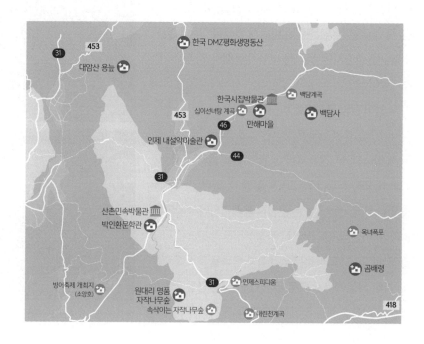

인제군은 80% 이상이 산악으로 이루어져, 맑은 물과 수려한 산세를 갖춘 계곡이 많기로 유명하다. 대암산 습지, 설악산, 향로봉, 점봉산, 방태산 등 우수한 생태·경관 자원이 풍부하다. 북면에는 설악산, 향로봉과 함께 백담사, 용대리 황태마을, 만해마을 등 문화·역사 자원이 풍부하다. 이러한 특수한 역사·문화·생태 자원을 활용하여 계절별로 다양한 축제가 개최되기도 한다. 내린천 여름축제, 빙어축제, 황태축제, 고로쇠축제, 산나물축제 등이 열린다.

인제의 주요 관광지 하면 처음으로 떠오르는 장소인 **원대리 명품 자작나무숲**은 산림청이 관리하는 국유림 지역이다. 이곳 조림지는 조성 당시 관광용이 아닌 경제림, 즉 나무를 심어 키운 뒤 벌목해 경제적 이득을 얻기 위해 만들어졌지만, 목적을 이루지 못했다. 자작나무의 경제성이 낮았기 때문이다. 심어둔 자작나무를 뽑아버릴 수 없어 관광 목적으로 바꾸게 되었다.

자작나무숲 주차장에 도착하면 바로 자작나무가 보이는 게 아니다. 1시간~1시간 반 정도 산을 올라가야 하얀색의 이국적 자작나무 조림지를 볼 수 있다. 자작나무숲 입산 통제 관련 정보는 산림청 홈페이지에서 확인 가능하다. 하얀색으로 펼쳐진 자작나무들의 모습은 나무 끝에 빨갛고 노랗게 물든 잎들과 아름다운 조화를 이룬다. 특히 겨울에는 눈으로 덮여 더 멋진 풍경을 연출한다. 자작나무를 보는 것만으로도 아름답지만 주변에 여러 조형물이 갖춰져 있고, 부담 없는 산책로가 있어 대표 관광지로 자리매김하고 있다.

01 02 인제의 명품 자작나무숲

자작나무숲에서 차로 30분 떨어진 곳에 **비밀의 정원**(강원도 인제군 남면 갑둔리 121-4)이 있다. 인제에서 풍경 사진이 잘 찍히기로 소문난 곳이다. 이전에는 군사 작전 지역이라 사진을 찍을 수 없었지만 지금은 도로변에서는 사진을 찍을 수 있다. 이른 아침부터 안개에 싸인 비밀의 정원 모습을 사진 속에 담기 위해 도로는 사진기 삼각대로 가득하다. 서리나 안개가 껴도, 눈이 내

인제군청 초입에 놓여 있는
'제일산악' 글씨가 새겨진 바위

려도 아름답다. 특히 나무들 속에 가려진 길이 담긴 모습은 자연이 인위적으로 만들어진 도로를 품고 있는 듯한 모습으로 감동적이기까지 하다.

인제군은 주요 관광지 간 이동 시간이 꽤 걸리는 편이다. 인제군에는 6개 면 지역이 있는데, 면 지역마다 대표적인 관광지가 조성돼 있어 같은 인제라고 해도 색다른 모습을 즐길 수 있다.

인제 기린면 진동리에 있는 **곰배령**은 참으로 신비로운 곳으로, '천상의 화원'으로도 불린다. 유네스코 산림유전자원보호지역으로 지정돼 있다. 그래서 자연 그대로 원시 생태를 유지하기 위해 방문 기간과 인원을 제한하고 있다. 강선마을을 지나 곰배령을 올라가는 길 입구에서 출입증 검사를 한다. 정상에 오르면 진귀하고 아름다운 야생화들이 뒤덮인 모습을 볼 수 있다. 봄에서 가을까지 수많은 꽃이 계절마다 다르게 피고 지며, 이름도 처음 들어보는 생소한 꽃들이 많다.

다음은 인제군 서화면 서흥리에 있는 **대암산 용늪**이다. 국내 람사르 습지 1호이다. 인제 속 '살아 있는 자연사 박물관'이라고 불리는 곳이 바로 대암산 용늪이다. 대암산 용늪을 오르기 위해서는 예약이 필수다. 예약 가능 일은 해마다 변동될 수 있기 때문에 인제군 대암산 용늪 사이트(http://sum.inje.go.kr/br/portal)에서 확인하고 가는 게 좋다. 대암산 용늪은 습지보호지역, 산림유전자원보호구역, 천연보호구역으로 지정되어 있다.

인제군 북면 남교리 농촌 마을의 모습

한국 DMZ 평화생명동산도 인제 서화면에 자리잡고 있다. 한국 DMZ 평화생명동산은 금강산 가는 길에 대암산 용늪과 서화리 자연 생태늪이 있는 서화면에 자리잡은 교육 공간이다. 전시관, 교육관, 식당, 연구동, 숙소, 생명살림 오행동산 시설로 구성되어 있다. 이곳은 6·25전쟁 때 '서화지구 전투'로 이름날 정도로 치열한 전투가 벌어진 곳이다. 분단 이후의 한반도 DMZ의 자연과 생태를 한눈에 볼 수 있다.

인제군 북면에는 유서 깊은 사찰인 **백담사**가 있다. 백담사는 내설악에 있는 대표적인 사찰로, 백담계곡 위에 있어 내설악을 오르는 길잡이가 되고 있다. 한계사로 창건된 후 1772년(영조 51)까지 운홍사, 삼원사, 선구사, 영취사로 불리다가 1783년에 최붕과 운담이 백담사라 개칭했다. 백담사는 설악산 대청봉에서 절까지 작은 못이 100개가 있는 지점에 사찰을 세운 데서 비롯되었다는 전설이 있다. 독립운동가 만해 한용운(1879~1944년)은 1905년 백담사에서 머리를 깎고 입산수도하여 깨달음을 얻어 〈조선 불교 유신론〉과 〈십현담 주해〉를 집필하고, 시 〈님의 침묵〉을 발표하는 등 불교 유신과 개혁을 추진했다. 인제에 만해마을이 있다.

백담사는 내설악 깊은 오지에 자리잡고 있다. 현재 백담사는 법당, 법화실, 화엄실, 나한전, 관음전, 산신각 등 기존 건물 외에 만해 한용운 선사의 문학사상과 불교 정신을 구현하기 위해 만해기념관, 만해교육관, 만해당 등의 건물이 있는, 한국의 대표적인 고찰이다. 백담사는 특유의 아득함과 맑은 계곡물로 마음의 평안함을 얻을 수는 있는 명소로 손꼽히며, 많은 사람이 찾고 있다. 백담사에서는 다양한 체험이 가능한 템플스테이에도 참여할 수 있다.

백담사에서 차로 10분 정도 떨어진 곳에 **만해마을**이 있다. 내설악의 맑은 물이 흐르는 만해마을은 시인이자 불교의 대선사, 독립운동가인 만해 한용운 선생을 기리기 위해 만든 수련장이며 교육 시설이다. 청소년과 대학생 수련회, 기업 연수, 가족 휴양에 적합한 숙박 시설과 편의 시설을 갖추고 있다. 주요 시설로는 만해 문학박물관을 비롯하여 문인의 집, 만해학교, 심우장, 서원보전, 님의 침묵 광장, 님의 침묵 산책로가 있다. 연수 시설인 설악관, 만해 문학박물관, 사찰을 체험할 수 있는 서원보전, 식당, 휴식 공간인 북카페, 자연을 느끼며 공연을 즐길 수 있는 님의 침묵 광장도 있다.

인제군에는 공립·사립 박물관도 많다. 먼저, **박인환문학관**이 있다. 시 〈목마와 숙녀〉로 알려진 박인환은 인제 출신이다. 1926년 인제군 상동리에서 태어났다. 그는 1956년 3월 20일 31세 젊은 나이로 요절했지만 한국 모더니즘의 대표 시인으로 꼽힌다. 박인환 시인의 생애와 문학세계를 알 수 있는 곳이 박인환문학관이다. 시인의 연대기나 유작, 유품을 전시한 다른 문학관과는 달리 박인환 인물과 관련된 역사적 명소를 드라마 세트장처럼 현장감 있게 재현해 놓은 것이 특징이다.

박인환문학관 안으로 들어가면, 1920년대 박인환 시

박인환문학관 전경

인이 활발히 활동하던 명동 거리가 재현되어 있다. 그 당시의 다양한 포스터와 시인이 명동에서 운영한 '마리서사' 서점의 다양한 책들, 선술집, 다방 등을 볼 수 있다. 박인환문학관 정원에 놓인 동상은 역동적으로 다가온다.

인제 삼남면 미산리의
농촌 체험 관광 마을

박인환문학관 바로 옆에는 **산촌민속박물관**이 있다. 문학관 바로 옆 건물인 인제 산촌민속박물관은 인제군의 사라져가는 산골 마을의 풍경과 농가의 세시풍습 등 선조들의 삶을 엿볼 수 있는, 산촌 민속 전문 박물관이다. 아이들과 나들이 삼아 가면 토속적이고 향토적인 맛을 느낄 수 있는 좋은 교육 공간이다. 그 밖에 뗏목 만들기, 목기구 제작, 목청 채취, 지당 모시기, 숯 굽기 등의 체험을 통해 인제 지역의 특징들을 경험해 볼 수 있다. 야외 전시실에는 토막집, 대왕당, 디딜 방앗간, 잿간, 이남박 간 등이 잘 조성된 정원이 있다.

인제에는 이외에 또 다른 전문 박물관이 있다. 바로 시를 주제로 하는 **한국 시집박물관**이다. 우리나라 근·현대기의 시집을 체계적으로 전시한 곳으로, 인제군 북면 용대리에 위치해 있다. 한국 시집박물관은 한용운, 박인환 등 대표적인 문인을 배출한 인제군에서 2014년 10월에 개관했다. 근현대 시인의 시집과 자료를 보존하고 있고, 1970년대 이전 한국시의 역사를 전시하여 교육장으로 꾸몄다. 기증 시집에는 《정지용 시집(1935년, 1946년)》, 《김립 시집(1939년)》 등을 비롯해 1950년대 이전에 간

행된 희귀 시집 100여 권도 포함돼 있다. 지상 1층엔 작은 도서관과 교육·체험 공간, 안내실이 있다. 서예를 주제로 한 박물관인 여초서예관도 인근에 있다.

공립 **인제 내설악미술관**에서는 대한민국 원로작가 초대전이 열린다. 인제군 북면 한계리에 터전을 잡고 있거나 한계리에 작업장을 두고 그림 작업을 하는 작가들의 작품을 전시해 놓은 공공 미술관이다. 작가들의 왕성한 창작 활동을 육성 지원하여, 지역 주민과 관광객들에게 문화예술 창작 작품을 체험할 수 있는 기회를 제공해 주며, 문화예술의 고장 인제의 이미지를 높여주고 있다.

인제군은 지역의 경관과 역사 자원을 활용한 다양한 축제를 운영하고 있어 사계절이 흥미로운 지역이다.

가을꽃축제는 해마다 10월경, 인제군 북면 십이선녀탕 길에서 진행된다. 2019년에 처음 진행된 인제 가을꽃축제는 꽃밭 즐기기, 클래식 공연 즐기기, 소나무숲 즐기기, 연못 즐기기, 먹거리 즐기기 총 다섯 가지 테마로 구성되어 있다. 축제에는 조형물과 꽃 포토존, 사진을 찍을 때 유용하게 쓸 수 있는 토퍼들이 준비되어 있다. 아름다운 클래식 연주를 들으며 인제의 가을을 즐길 수 있는 행사이다.

매년 1월 중순에서 2월 초에 열리는 **인제 빙어축제**는 전국적으로 많이 알려진 축제다. 강추위에 하천이 꽁꽁 얼면 인제군 남면 부평리 빙어마을에서 열린다. 강원도 인제군 내설악 지류와 내린천의 관문인 소양호에서 은

인제군 빙어호에 세워진 빙어 상징 조형물

빛 빙어를 주제로 펼쳐지는 빙어축제는 맑고 투명한 빙어와 눈 덮인 내설악 경관, 빙판 위에서 행해지는 산촌 문화를 만날 수 있는 인제군 고유의 축제다. 빙어 낚시 대회, 빙어 시식회 등 빙어를 주제로 한 행사와 전국 대회 규모의 얼음축구 대회, 인제군민 빙어올림픽 등의 레포츠 경기 그리고 눈썰매장, 이글루와 눈조각 전시 등 눈과 얼음을 주제로 한 체험 행사를 함께 개최한다.

문화 축제인 **만해축전**도 매년 7~8월경 있다. 강원도 인제군 북면 내설악 골짜기에 자리한 백담사에서 열리는, 독립운동가이고 시인, 승려였던 만해 한용운의 정신을 기리는 축전이다. 만해 한용운 선생의 삶과 사상을 함께 공유하는 각종 학술 세미나를 비롯해 만해상 시상식, 시인학교, 백일장, 전시회 등 10개가 넘는 행사가 이 기간 중에 진행된다. 만해축전의 하이라이트인 만해 대상 시상식은 만해사상을 가장 실천적으로 구현한 이들에게 수여하는 상이다. 전 세계 활동가를 대상으로 각계각층의 추천을 받아 엄격한 심사를 거쳐 평화, 실천, 문학 부문으로 나눠 시상하고 있다.

양구군

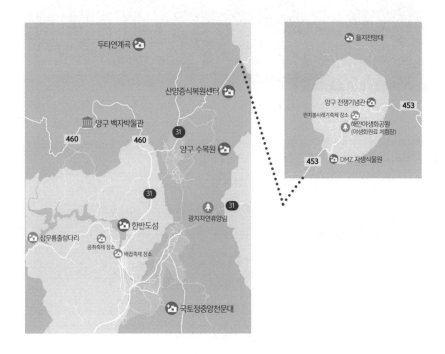

양구군은 수려한 산세와 강, 호수 등 접경지역 특유의 청정 자연환경이 잘 보존된 역사·문화 자원이 풍부한 지역으로 평가되고 있다. 펀치볼, 두타연, 수입천, 팔랑폭포, 산양 서식지와 생태식물원 등 경관 자원과 생태·관광 자원이 있다. 그 외 을지전망대, 제4땅굴, 전쟁기념관, 피의 능선 등의 볼거리도 갖추고 있다. 도자기 문화가 발달하고, 돌산령 지게놀이 등 문화·역사 자원도 풍부한 곳이다. 특히 해안면 지역은 '펀치볼'로 불리는 분지 지형의 생태가 주목받고 있다.

양구의 대표 관광지는 바로 한반도섬 관광지다. 양구 한
반도섬은 파로호 상류에 위치한 국내 최대 규모의 인공
습지다. 한반도섬을 향해 시원하게 뻗어 있는 나무 산
책길을 따라 걸어 들어가면 물 위를 걷는 듯한 청량감이
든다. 양구는 어느 계절에 방문해도 다양한 매력을 뽐내
는 곳이지만, 파로호와 한반도섬을 방문하기에 가장 좋
은 계절은 가을이다. 하늘과 호수의 조화 때문이다. 가
을이 주는 특유의 시원함과 맑은 하늘 그리고 그 하늘을
비추는 파로호의 푸름이 마치 한 폭의 그림을 보는 듯한
느낌을 준다. 호수의 잔잔함이 마치 거울에 하늘과 산을
비춘 듯 수평선을 중심에 두고 대칭을 이루는 장관을 볼
수 있다. 한반도섬을 관통하는 750m 길이의 짚 라인도
있어 스릴을 즐길 수 있다. 인공 섬 안에는 카약과 오리
배 등이 있어 수상레저도 즐길 수 있다.
한반도섬에서 남쪽으로 15분 정도 차로 이동하면 양구
군 국토정중앙면의 명소인 국토정중앙천문대가 있다.

양구읍 인문학박물관 인근 공원의 전시물

양구 국토정중앙천문대는 우리나라 중심에서 하늘을 바라볼 수 있도록 한반도 정중앙 부근에 천문대를 건설하여 2007년 개관했다. 한반도의 중심에서 넓은 하늘을 볼 수 있는 기회만으로도 재미있는 경험이자 특별한 추억이 될 것이다. 천문대 내의 전시 해설 프로그램을 이용하여 별을 직접 관찰하는 것 말고도, 천문대를 관람하며 자세한 설명을 들을 수 있다. 낮에는 큰 볼거리가 없지만 밤이면 빛나는 별의 향연을 만끽할 수 있다.

양구 수목원은 한반도섬에서 북쪽으로 15분 정도 차로 이동하는 거리에 있다. 양구군 동면 원당리로, 해발 1,312m의 산세 깊은 대암산에 걸쳐 있다. 자연 생태가 잘 보존된 해발 450m에 있는 양구 수목원은 강원도 내 여섯 번째 공립 수목원으로 등록되어 1,000여 종의 나무와 식물을 한 곳에서 감상할 수 있다. 생태식물원과 DMZ 야생동물생태관, DMZ 야생화분재원, 목재문화체험관 그리고 DMZ 무장애나눔길과 생태 탐방로가 한군데 어우러진 자연 중심 수목원이다. 양구 수목원은 3가지 테마로 구분된다. 숲의 생태와 다양한 꽃과 나무를 만날 수 있는 '숲키움터', 아이들이 마음껏 뛰놀 수 있는 가족 놀이 공간과 공연장이 있는 '숲놀이터', 특징별로 꽃을 관람할 수 있는 '숲배움터'가 있다.

양구 수목원에서 다시 북쪽으로 15분쯤 차를 타고 이동하면 **산양·사향노루 증식복원센터**가 있다. 양구군은 생태계 파괴와 밀렵 등 환경적 요인으로 멸종 위기에 처한 천연기념물 제217호 산양을 보호하고 개체 수를 늘리고자 양구군 동면 팔랑리 일대(175,237m²)를 천연기념물 산양 보호 구역으로 운영 중이다. 보호 구역에는 산양 사육 시설인 방사장, 집중 관리실, 치료 시설을 갖춘 연구센터를 함께 운영 중이며, 천연기념물 217호 산양뿐만 아닌 천연기념물 제216호 사향노루에 관한 조사·연구도 병행하고 있다. 2007년 6월 최초 개장 당시 8마리의 산양이 초기 입식되어 매년 꾸준한 증식률을 보인다. DMZ 양구 산양체험관에서는 박제된 산양을 비롯해 천연기념물 포유류 8종도 볼 수 있다.

산양 복원지 입구 모습

다시 북쪽으로 가면 양구군 해안면이 나온다. 일명 펀치볼이라고 하는 분지 지형이다. 해안면은 흙탕물이 발생하는 침식분지로 흙탕물, 부영양화, 유해 물질을 줄이기 위하여 식생 여과대(Vegetated Swale)를 친환경 야생화 밭으로 조성했다. 250,000m²(8만 평) 넓이에 수목 31,000여 그루와 초화류 1,574,000본을 심어 해안야생화공원을 만들었다. 해안야생화공원에서는 맑은 하늘과 구름, 햇빛, 식물을 즐길 수 있다. 이곳은 야생화를 활용한 이색 원료 체험도 가능하다. 고급 화장품 원료와 청정 야생화 추출물을 활용하여 내 피부에 맞는 나만의 화장품을 만들 수 있는 체험장도 운영하고 있다. 저렴한 가격의 체험이지만 원료 소재는 고급 원료만을 사용하고 있으며, 운영 기간 중 체험 시간 내 방문하면 화장품을 직접 만들어볼 수 있다.

해안야생화공원의 봄

DMZ 자생식물원도 볼거리 중 하나다. 국립 수목원 DMZ 자생식물원은 DMZ 일원의 식물과 북방계 식물을 관찰·연구해 다양한 보전 방안과 활용 방법을 모색하는 연구 기관이다. DMZ 자생 식물의 존재를 국내외에 알리고 생태계 보전 차원에서 협력 방안을 마련하기 위해 DMZ 자생식물원에는 국제연구센터, 방문자센터, 게스트하우스 등을 두어 운영하고 있다. 일반 관람객이 힐링할 수 있도록 DMZ원, 습지원, 희귀식물원, 특산식물원, 북방계식물전시원, 소나무과원, War가든, 야생화원으로 8개의 전시 공간도 마련돼 있다.

을지전망대는 해안야생화공원에서 5km 정도 떨어져 있다. 을지전망대는 양구 동북쪽 27km, 군사분계선으로부터 약 1km 남쪽 지점 해안분지를 이룬 가칠봉의 능선에 있다. 해발 1,049m의 최전방 안보 관광지로, 안보 교육장으로의 역할을 담당하고 있다. 날씨가 좋을 때는 금강산 비로봉 외 4개의 봉우리(차일봉, 월출봉, 미륵봉, 일출봉)를 볼 수 있다. 발밑으로는 펀치볼 분지 지형을 감상할 수 있다.

용산에도 전쟁기념관이 있지만 양구 을지전망대 근처에도 전쟁기념관이 있다. 양구 통일관과 함께 운영되는 양구 전쟁기념관은 선열들의 희생정신과 업적을 기리고 전후 세대에게 호국정신과 애국심을 일깨워주는 곳으로 활용하기 위해 2000년 6월 20일 개관하였다. 양구는 한국전쟁 때 해병대 제1연대가 17일 동안의 혈전 끝에 요새를 함락한 '도솔산 전투' 등 모두 9개의 치열한 전투가 벌어진 곳이다. 당시 해병대는 이곳 전투를 승리로 이끌면서 '무적 해병'이라는 칭호를 얻기도 했다. 양구 전쟁기념관은 도솔산 전투를 비롯해 대우산, 피의 능선, 백석산, 펀치볼, 가칠봉, 단장의 능선, 949고지, 크리스마스고지 전투 등 한국전쟁 역사상 가장 치열했던 9개의 전투에 관한 자료를 주로 전시하고 있다. 점차 잊히는 전투 역사를 다양한 볼거리로 체험할 수 있는 곳이다.

양구 전쟁기념관에서 차로 30분 떨어진 양구 방산면 두타연에서는 멋진 자연 생태를 감상할 수 있다. 두타연은 양구군 방산면 건솔리 수입천 지류 사태리 하류에 위치한 계곡이다. 두타연은 주위의 산세가 수려한 경관을 이루며, 오염되지 않아 천연기념물인 열목어의 국내 최대 서식지로 알려져 있다. 높이 10m, 폭 60여 m의 계곡물이 한 곳에 모여 떨어지는 두타연 폭포는 명소 중의 명소다. 1000년 전 두타사란 절이 있었다는 데서 이름 지어졌다고 한다. 민간인 출입 통제선 북쪽에 위치하여 오염되지 않은 자연을 만날 수 있는 양구군의 대표 관광지.

청정 지역인 양구군에는 먹거리 축제가 많다.

DMZ 펀치볼시래기축제는 매년 10월에 강원도 양구군 해안면에서 개최된다. 강원도 양구군 최북단 해안면 펀치볼마을에서 열리는 펀치볼시래기축제는 지역 특산물인 시래기를 홍보하고, 시래기를 이용한 다양한 먹거리와 볼거리를 체험할 수 있는 축제이다. 저렴한 가격에 판매되는 시래기도 구입할 수 있는 1석 2조의 축제이다.

매년 5월 **곰취축제**가 강원도 양구군 양구읍에서 열린다. 곰취는 입맛을 돋우고 피로 해소, 항암 효과와 혈액 순환 개선, 기침·천식에 효과가 있는 것으로 알려져 있다. 곰취는 산나물의 제왕으로 불리며, 곰이 겨울잠을 잔 후 처음 취한(먹는)다고 하여 곰취로 불린다. 곰취 최대 생산지인 양구에서 2004년부터 매년 5월에 지역 주민과 함께 관광객이 참여하는 프로그램으로 곰취축제를 개최한다. 곰취 현장 채취 등 각종 체험, 양구 산채(山菜) 홍보 및 전시, 무대 공연 및 다양한 이벤트 등이 열린다.

양구 배꼽축제는 매년 7월 양구읍 서천 레포츠공원 일원에서 진행되는 인기 축제다. 오감이 즐거운 양구 배꼽축제는 국토의 배꼽이라는 자긍심을 표출하기 위해 배꼽이 상징하는 생명, 자연, 상생을 주제로 파로호의 한반도섬 및 국토정중앙면 일대에서 펼쳐진다. 배꼽은 생명을 존중하고, 이웃과 함께 살고, 자연과 공존하는 중심지임을 상징하는 키워드로 축제의 지향점이 함축돼 있다.

화천군

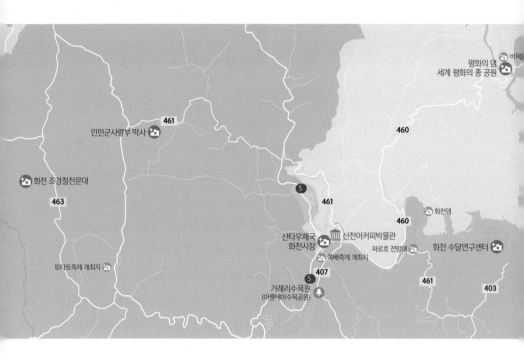

화천군은 산천어와 수달이 사는 대표적 청정 지역으로, 파로호 안보전시관 전망대, 비목공원, 평화의 댐 등 6·25전쟁의 상흔과 분단 실상을 대변하는 역사·문화 자원이 있다. 특히 화천군 상서면 다목리에 있는 인민군사령부 막사는 6·25전쟁 때 화천과 철원 일대를 관할하던 인민군사령부의 면모와 생활상을 알 수 있는 군사 시설로, 2002년 등록문화재 제27호로 지정됐다. 화천군에는 그 외에 대한민국 대표 겨울 축제인 산천어축제를 비롯해 하절기에는 비목문화제, 쪽배축제, 화악산 토마토축제 등 다양한 문화 자원이 있다.

화천군 여행은 화천군청이 있는 화천읍 주변 관광지 여행이다. 화천군의 작은 영화관인 산천어시네마 인근에 **산천어커피박물관**이 있다. 산천어커피박물관은 커피 유물 전문 수집가인 제임스 리 관장이 오랜 기간 정성을 다해 모은 커피 유물을 화천군에 기증하면서 생겨났다. 커피박물관에서는 커피를 사랑하는 사람들에게 커피에 관한 정보와 맛을 접할 수 있는 기회와 커피를 주제로 이야기를 나눌 수 있는 공간을 제공한다. 군장병과 면회객이 찾아가면 편안히 쉴 수 있는 아늑한 곳이다.

화천읍에는 **산타우체국**이 있다. 화천군이 산타클로스 우체국 대한민국 본점을 유치해 관광 명소로 육성하고 있다. 우체국 규모는 크지 않지만 이색적인 분위기 속에 산타우체국을 관람할 수 있다. 이곳에서 핀란드 산타클로스에게 편지를 써서 산타우체국 우체통에 넣으면 실제 답장을 받을 수도 있다고 한다.

산타우체국 모습

화천읍의 상설 전통시장인 **화천시장**은 시골의 풋풋한 인심을 그대로 느낄 수 있는 장터이다. 입구에 들어서면 시장 안쪽에서 풍기는 음식 냄새가 미각을 자극한다. 좌판을 벌이고 부지런히 물건을 파는 사람들을 보면 우울하거나 의욕을 잃었던 삶에 기운이 솟는다. 화천시장에 가면 풍성한 국밥에서, 한 줌 더 얹어주는 채소 좌판까지, 정겨움이 넘친다.

춘천에서 화천으로 들어가는 북한강을 따라 강변이 이어진다. 북한강변에 **거례리수목원**이 있다. 물과 산이 어우러지는 탁 트인 공원 안에 400년 정도 된 커다란 느티나무가 한 그루 있다. 화천강을 바라보고 있는 이 느티나무가 '사랑나무'라 불리기 시작하고, 그 주변을 사람들이 정성을 들여 가꾸면서 계절마다 아름다운 풍경을 만들어내기 시작했다. '아를테마수목공원'이라는 이름도 지어졌다. 한적한 휴식이 필요할 때 마음의 위안과 안식을 찾을 수 있는 곳이다.

거례리수목원에서 차로 40분 정도 떨어진 곳에 **평화의 댐**이 있다. 평화의 댐은 북한 임남댐의 수공(물공격)을 방어하는 대응 댐으로 계획되어 완성됐다. 평화의 댐에는 2009년 5월 문을 연 **세계 평화의 종 공원**이 있다. '세계 평화의 종 공원'은 화천에서 만나볼 수 있는 이색적인 명소 중 하나다. 이름에서도 알 수 있듯 이 공원의 가장 큰 볼거리는 '평화의 종'이다. 이 종은 세계 각국 분쟁 지역에서 보내온 총알과 포탄의 탄피로 만들어졌다. 높이 4.7m, 무게가 37.5톤이나 된다. 2009년 공원 개장식 때 고르바초프

구 소련 대통령이 참석해 의미를 더하기도 했다.

평화의 댐 주변에 조성된 공원인 **비목공원**도 즐길 거리 중 하나다. 6·25전쟁의 아픔과 당시 희생된 젊은 무명용사의 넋을 기리는 곳으로, 국민 가곡 〈비목〉의 탄생지이기도 하다. 작사가 한명희는 1960년대 중반, 평화의 댐에서 북쪽으로 14km 떨어진 백암산 계곡 비무장지대에서 군 생활을 했다. 어느 날 우연히 잡초가 우거진 곳에서 무명용사의 녹슨 철모와 돌무덤 하나를 발견했고, 그 돌무덤의 주인이 전쟁 당시 자기 또래의 젊은이였으리라고 생각하며 노랫말을 지었다고 한다. 그 후 작곡가 장일남이 이 노랫말에 곡을 붙여 가곡 〈비목〉이 탄생하게 되었다.

화천군 간동면에 있는 **화천 수달연구센터**에서는 귀여운 수달 모습을 가까이에서 볼 수 있다. 수달은 천연기념물 330호로 지정되고, 멸종 위기 1등급 동물이다. 한때 환경오염과 포획으로 개체 수가 급격히 줄었지만 최근 보호 노력이 결실을 맺으면서 조금씩 개체 수가 늘고 있다고 한다. 수달연구센터는 야생수달의 일생을 가까이 보고 이해할 수 있는 수달 생태 공원이자, 아시아 최초 수달 전문 연구 시설이다. 자연 번식, 감추어진 생태, 종 보존 등의 연구와 생태 교육 및 체험을 함께 할 수 있는 곳이다.

화천 안에서도 최전방 지역인 사내면에는 **화천 조경철천문대**가 있다. 화천 조경철천문대는 '아폴로 박사'라는 별명으로 친근한 조경철 박사가 애정을 갖고 건설 과정을 지켜본 곳이다. 광덕산에서 휴전선까지는 직선거리로 20여

km로, 맑은 날이면 북녘땅이 가까이 보인다.

화천 조경철천문대는 단순 관람 시설에서 벗어나 심층적인 교육 프로그램과 연구 활동을 지원하는 균형 잡힌 시민천문대를 표방한다. 대형 망원경을 활용하여 학생들과 교원, 아마추어 천문인이 동참하는 다양한 활동을 이어가면서 방문객 수가 계속해서 늘고 있다.

화천에는 **인민군사령부 막사**가 남아 있다. 화천은 6·25전쟁 당시 용문산지구 전투, 파로호 전투 등 치열한 전투가 많이 벌어진 곳이다. 이 때문에 곳곳에서 전쟁의 아픈 흔적을 발견할 수 있다. 인민군사령부 막사도 그중 한 곳이다. 인민군사령부 막사는 화천군 상서면 다목리에 자리하고 있다. 이곳은 6·25전쟁 때에는 화천과 철원 일대를 관할하던 인민군사령부의 막사로 사용되었고, 1960~1970년대에는 국군의 피복 수선소로 이용되었다. 이후 방치되다가 2002년 국가등록문화재 제27호로 지정되었다. 1945년에 지은 것으로 보이는 단순한 형태의 1층 건물이지만, 당시 인민군 시설의 면모와 생활상을 알 수 있는 희귀성이 인정되는 군사 시설이다.

화천군 축제 하면 단연 **산천어축제**이다. 물론 산천어축제 외에도 이색 축제가 풍성하다.

화천군에서 매년 한 해 농사만큼 중요하게 준비하는 것이 바로 산천어축제다. 산천어 축제는 매년 2월경 화천천 일대에서 열린다. 화천군에서는 1년 내내 산천어축제를 준비한다고 해도 과언이 아니다. 노인 일자리 사업의 하나로 축제 기

01 02 03 산천어축제 모습

간 사용될 산천어 모양의 등불을 만들기도 한다. 마을마다 축제 기간 농·특산물 판매장에서 판매할 지역 특산품을 재배·포장하는 가공 작업도 한다. 지역 상인들은 축제장 곳곳에 입점해 간식을 팔기 위한 준비를 한다. 숙박업소도 최대 성수기인 축제 기간 여행객을 맞이할 준비로 분주하다. 그리고 가장 중요한 30만여 마리의 산천어를 주민들이 직접 키운다. 수많은 관광객이 찾아오는만큼 경제적 파급 효과가 크다.

화천 산천어축제는 2011년 미국 언론사인 CNN이 선정한 '겨울의 7대 불가사의' 중 6번째로 소개된 적이 있다. CNN은 해마다 강추위 속 100만 명 이상이 얼음판위에 올라가 낚시하고, 맨손으로 산천어를 잡는 모습을 설명하며 '이해하기 어려운' 불가사의한 이색 겨울 축제라고 소개했다.

강원도 화천군의 인구는 현재 2만 4천 명가량이다. 하지만 산천어축제 기간 동안 방문객 수는 100만 명이 넘어 지역 인구 수보다 40배나 많아진다. 해마다 40cm가 넘게 어는 화천천의 두꺼운 얼음을 깨고, 바닥까지 보이는 맑은 물속에 노니는 산천어를 잡고, 얼음썰매 등을 즐긴다. 쪽배축제는 매년 7, 8월경에 화천군 붕어섬 및 생활체육공원 일원에서 진행된다. 물 좋은 화천에 오면 일이 술술 잘 풀린다는 의미를 가진 '수리 水利(수리) 화천'이라는 슬로건 아래 다양한 여름 체험 프로그램으로 진행되고 있다. 수상 자전거·카약 타기, 야외 물놀이, 창작 쪽배 만들기 등의 프로그램이 운영되고, 야영객을 위한 캠핑, 계곡 하이킹, 가족 단위 농장 스테이 등의 체험 행사도 열린다.

토마토축제도 빼놓을 수 없다. 2003년부터 시작된 화천 토마토축제는 매년 8월에 화천군 사내면 사창리 시가지 일대에서 개최된다. 여름의 대표적인 과일 중 하나인 화천의 화악산 토마토는 준고랭지 지역(해발 400~600m)에서 재배되는 토마토로, 과질이 단단하며 당도가 높고 신선도 유지 기간이 긴 것이 특징이다. 축제에는 상품 가치가 떨어지거나 이벤트용으로 모은 토마토 50여 톤이 사용된다.

고성군

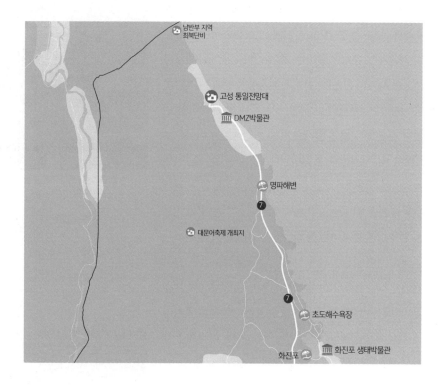

고성군은 금강산과 설악산의 중간 거점으로 산, 바다, 호수, 계곡 등 자연 풍광과 역사문화, 평화 안보, 전시관, 레포츠, 먹거리 등 관광 자원이 풍부한 지역이다. 금강산 관광의 통로이면서 한반도 최북단에 위치한 통일전망대, DMZ박물관 등 평화·안보 관광지로서 중요한 역할을 하고 있다. 한국 4대 사찰 중 한 곳인 건봉사와 전국 1호 전통건조물 보존지구 왕곡마을, 청간정, 간성향교 등 역사·문화유산 자원도 많다. 북쪽으로는 휴전선을 경계로 북한 고성군과 가까이에 있다. 한때 금강산 관광의 관문이던 통일부 남북출입사무소가 있었다.

강원도 접경지역 가운데 유일한 바다를 품고 있는 곳이 고성군이다. 고성의 대표 관광지는 통일전망대. **고성 통일전망대**는 동해안 최북단 강원도 고성군 현내면 명호리에 있다. 해발 70m 지점에 있는 전망대는 금강산이 가깝게는 16km, 멀리는 25km 정도 거리로 해금강 대부분 지역이 한눈에 보이고, 해금강 주변의 섬과 만물상(사자바위), 현종암, 사공암, 부처바위 등도 조망할 수 있다. 분단의 아픔을 달래고 통일을 염원하는 마음으로 1984년에 지어졌다. 통일전망대로 가기 위해서는 우선 통일안보공원에서 출입신고서를 작성하고, 안보 영상 교육을 받은 뒤 차량을 이용해 전망대로 이동한다. 민통선 검문소를 통과하면 통일전망대 관람이 가능하다. 전망대에 서면 금강산의 구선봉과 해금강이 보이고, 발아래에는 북으로 이어진 동해선 남북 연결도로가 보인다. 날씨가 맑은 날에 찾아가면 멋진 풍경과 위치적 역사성에 가슴이 뭉클해진다. 중앙의 산악 능선을 바라보면 금강산 1만 2천 봉의 마지막 봉우리 구선봉(낙타봉)과 선녀와 나무꾼의 전설을 지닌 감호를 볼 수 있다. 이외에도 일출봉, 채하봉, 육선봉, 집선봉, 관음봉 등이 보인다. 금강산 최고봉인 비로봉은 맑은 날씨에만 모습을 드러낸다. 조국 분단의 현실을 직접 볼 수 있는 비무장지대와 휴전선 철책을 맨눈으로 볼 수 있다.

통일전망대와 함께 둘러볼 수 있는 6·25전쟁 체험 전시관도 인근에 있다. 동족상잔의 비극을 교훈 삼고 민족

고성 통일전망대의 기념 사진을 찍는 장소

고성 해상 모습

화합과 조국의 평화 통일을 염원하기 위해 만들어진 곳으로, 6·25전쟁의 참상과 당시 상황을 사진과 영상, 자료와 유물 등을 통해 현실감 있게 체험할 수 있다.

통일전망대 인근에 2009년 8월 건립된 **DMZ박물관**이 있다. 분단국의 상징인 DMZ를 통해 1950년 한국전쟁 발발 전후 모습과 휴전선의 역사적 의미, DMZ의 생태환경 등을 재구성하여 보여주고 있다. 비극적인 전쟁으로 만들어진 한반도의 DMZ는 우리 민족을 넘어서 세계인에게도 역사적 교훈이 되고 있다. DMZ박물관은 남북한 문화 동질성을 회복하고, 통일을 준비하는 화합의 장이 될 수 있도록 자료의 조사·수집·보존·전시·교육에 매진하여 인류 평화를 기원하는 세계적 명소가 되고 있다.

동해바다가 품고 있는 고성에는 유명 해변이 많다.

화진포는 고성군 거진읍에 형성된 석호다. 호수임에도 바다와 인접하여 민물과 바닷물이 경계 없이 흐르며, 둘레는 16km에 이르러 우리나라 석호 중 최대 규모를 자랑한다. 주위에는 금강송이 빼곡한 송림이 우거져 고성이 자랑하는 천혜의 절경을 그려낸다. 화진포의 호수는 거대한 8자 모양이다. 크고 작은 호수가 남쪽과 북쪽으로 나뉘어 있으며 각각을 남호, 북호라고 부른다. 북호 인근에는 해수욕장을 비롯하여 옛 유명 인사들의 별장, 각종 실내형 전시관 등 다채로운 관광 시설이 분포되어 있다. 남호 주변으로는 갈대밭, 침강지, 조류 관찰대 등 자연 탐방 지대가 자리하며, 더불어 산책로도 잘 정비되

화진포의 모습 (고성군 제공)

어 있다. 수령 100년이 넘는 금강송이 즐비한 산책로는
걷기만 해도 몸과 마음이 저절로 치유되는 느낌을 준다.
고성의 최대 지정 관광지인 화진포 국민관광지 내에 **화
진포 생태박물관**이 있다. 박물관 층별 3개 전시관에서 화
진포 호수와 관련한 생태계를 관찰하고 이해할 수 있다.
화진포 생태박물관에서는 기증받은 수십, 수백 종의 박
제와 골격, 화석류와 영상, 실물 모형 등을 통해 화진포 호
수의 생성 과정, 동식물 생태계 등을 관찰할 수 있다. 인근
에 화진포해수욕장과 초도항, 초도해수욕장이 있다.

화진포 생태박물관에서 차로 10분 정도 이동하면 거진
읍 중심지에 **실향민 역사사료관**(강원 고성군 거진읍 거진리
508)이 있다. 실향민 역사사료관은 이북 도민들의 애환
과 전통 생활 모습을 느끼고, 평화 통일을 염원하는 문화
공간이다. 미수복고성군지회와 이북5도민회로부터 자
료를 수집하고, 실향민 2세대로부터 부모가 남긴 유품이
나 소장품을 기증받아 전시하고 있다. 가까운 곳에 거진
항과 거진해수욕장이 있다.

송지호 관망타워는 고성군 죽왕면에 있다. 2007년 7월
에 개관한 송지호 관망타워는 4층 규모의 독특한 관망 형
태로 송지호에서 떼 지어 이리저리 날아드는 철새의 군
무가 한눈에 내려다보인다. 청소년의 자연 생태학습관으
로 큰 인기를 얻고 있다. 종합관광레저타운으로 새롭게
변모한 송지호는 주변에 송지호해수욕장과 왕곡마을, 오
토캠핑장, 해양심층수단지 등 다양한 볼거리와 즐길 거

고성 송지호 관망타워 (고성군 제공)

고성 앞바다의 일출 모습

01 02 고성 통일명태축제 모습 (고성군 제공)

리가 있어 가족 단위 체험 관광지로도 주목받고 있다.

가진항은 고성군 죽왕면의 큰 항구다. 아침에 조용히 혼자 산책을 할 때면 마음이 풍요로워지고 편안해진다. 잔잔함과 조용함, 때론 거침이 함께 살아 있는 동해안 항포구 중에서도 경관이 아름다운 항구다.

고성군의 축제는 **해맞이축제**가 압도적으로 인기가 높다. 매년 고성군에서는 1월 1일 새해를 맞이하여 군민 화합과 남북 평화의 공감대를 형성하고 모두의 소망을 기원하는 장을 마련하기 위해 화진포 해변 특설 무대에서 해맞이 축제를 열고 있다. 타악 퍼포먼스, 축하 공연, 촛불 소원 성취 기도, 새해 메시지 쓰기, 금강산 관광 재개 퍼포먼스 등이 마련된다.

고성 **통일명태축제**는 매년 10월, 강원도 고성군 거진읍 해변에서 진행된다. 제례 행사, 명태 기원제, 거리 퍼레이드, 식전 공연, 고성군 홍보 영상, 개막식, 통일 콘서트, 불꽃놀이, 만 원의 행복, 명태 포차 거리, 명태 화로구이터, 명태요리 이벤트, 행운의 통일명태 찾기, 활어 맨손잡기 체험, 무료 어선 승선 체험, 명태다이빙 대회, 장병 통일 명태 씨름대회 등 다양한 행사가 열린다.

대문어축제도 볼 만하다. 매년 5월 강원도 고성군 현내면에서 진행되는 축제로, 동해안 최북단 강원도 고성군 현내면 대진항 저도어장의 대표 어종인 대문어와 자연산 수산물을 주제로 하는 수산 먹거리 축제이다. 다양한 체험과 자연산 수산물을 만날 수 있다.

경기·인천 접경지 답사

연천
포천
동두천
파주   양주   가평
의정부
김포   고양   남양주
구리
서울
부천   하남
인천   광명   과천   양평
시흥   안양의왕   성남   광주
안산군포   용인   여주
옹진   수원
화성   오산   이천
평택   안성

강화
서구   계양구
부평구
동구
중구   미추홀구   남동구
연수구
무의도

경기 연천군

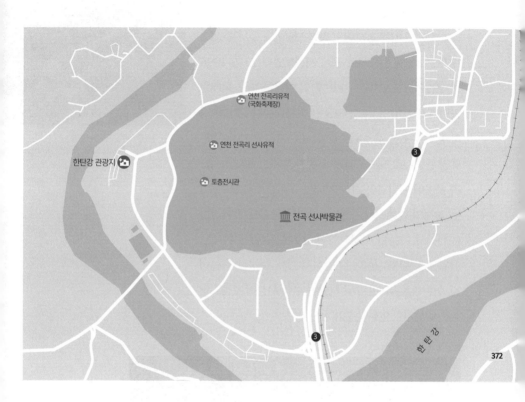

연천군은 경기도 최북단에 자리한다. 서쪽은 북한 황해도 장단군, 남쪽은 파주시·양주시·동두천시, 동쪽은 포천시·강원도 철원군, 북쪽은 강원도 철원군·황해도 금천군에 붙어 있다. 연천군은 경기도에서 가장 인구가 적은 기초자치단체이다. 한탄강과 임진강이 만나는 자연 경관이 수려한 청정 지역으로 한탄강 유원지, 감악산, 고대산, 재인폭포, 경순왕릉 등의 관광지가 있다.

경기도 연천군은 강원도 철원군과 접해 있다. 연천군의 대표 관광지 역시 철원군과 비슷하게 한탄강을 중심으로 한 관광지이다. 한탄강 관광지는 연천군 전곡읍 전곡리 한탄교와 사랑교 사이의 강변 1.5km에 펼쳐져 있다. 1977년 3월에 관광지로 공식 지정되었다. 그 후 1996년, 1999년, 2000년에 한탄강이 범람하여 큰 피해를 입었다가 2005년부터 시작된 선사유적지 정비와 역사·문화촌 조성 사업 등으로 다시 친환경적 가족 문화·휴양 관광지로 재탄생되었다. 한탄강 주상절리와 폭포가 곳곳에 발달하여 화산 지대의 특징을 둘러볼 수 있는 최적의 여행지다. 한탄강 강변을 중심으로 카라반(caravan), 자동차 야영장의 휴양 시설과 함께 취사장, 샤워장 등 편의 시설이 잘 갖춰져 있다. 축구장, 물놀이장, 어린이캐릭터공원 등 다양한 부대 시설이 조성되어 가족 여행지로 안성맞춤이다.

연천군 한탄강 관광지 (연천군 제공)

전곡 선사박물관의 야경 (연천군 제공)

차탄천 주상절리의 모습 (연천군 제공)

석기 시대 구석기의 주먹도끼·긁개·석핵 등이 출토된 국가사적 제268호로 지정된 연천 전곡리유적과 토층 전시관이 있다.

전곡 선사박물관은 1978년 동아시아 최초로 아슐리안 주먹도끼가 발견되면서 동아시아 구석기 문화를 새롭게 이해하려는 시도를 불러일으켰던 연천 전곡리유적에 건립된 세계적인 규모의 선사 박물관이다. 전곡 선사박물관은 실물 비례의 다양한 구석기 시대 조형물과 다채로운 체험 프로그램을 통해 관람객이 쉽고 즐겁게 선사 문화를 이해할 수 있도록 한 체험형 박물관이다.

한탄강 현무암 주상절리를 가까이에서 볼 수 있는 곳이 **차탄천 주상절리**이다. 전곡 선사박물관에서 차로 10분 거리에 있다. 차탄천 주상절리는 차탄천을 따라 형성된 다양한 형태의 주상절리로, 신생대 제4기에 분출한 현무암이 한탄강을 따라 흐르다가 차탄천을 만나면서 역류하여 흘렀던 지역이다. 병풍처럼 이어지는 차탄천 주상절리가 근사한 풍경을 선사한다. 차탄천 주상절리 쉼터에서 내리막길을 따라 내려가면 차탄천과 주상절리의 모습을 더 자세히 감상할 수 있다. 위에서 내려다보았을 때와 달리 머리 위로 솟은 웅장한 주상절리를 볼 수 있다. 이곳은 유네스코 세계지질공원에 해당하는 구역이어서 취사, 야영, 낚시를 할 수 없다.

사적 제244호인 **연천 경순왕릉**은 경기도 연천군 장남면 고랑포리에 있다. 능 앞에는 높이 3m의 단조로운 형

식의 비석에 '신라경순왕지릉(新羅敬順王之陵)'이라 새
겨져 있다. 뒷면에는 간략한 내력이 기록되어 있다. 봉
분 둘레와 능 주위에는 각각 호석(護石)과 곡장(曲墻)을
둘렀고, 장명등(長明燈)·망주석(望柱石) 등이 있다. 경순
왕릉은 오랫동안 잊혀 오다가 조선 영조 때 현재의 위
치에 있는 게 확인됐다고 한다. 신라의 도읍인 경주를
벗어나 타 지역에 있는 유일한 신라왕릉이다. 왕릉으
로서는 규모가 작은 편이다.

안보관광 자원인 '**연천 고랑포구 역사공원**'은 경순왕
릉 바로 아래에 있어 함께 둘러보기 좋다.

연천 고랑포구는 1930년대 번창했던 우리나라 최고
의 무역항이자 6·25전쟁의 격전지였다. 고랑포구는
삼국 시대부터 전략적 요충지로, 임진강을 통한 물자
교류의 중심 역할을 하던 나루터이다. 1930년대에는
개성과 한성의 물자 교류의 통로로, 화신백화점의 분점

연천 경순왕릉의 모습
(연천군 제공)

이 자리잡을 정도로 번성하였다. 하지만 6·25전쟁과 남북 분단으로 쇠락했으며, 1·21 무장공비 침투 사건의 침투로 이기도 했다. 연천 고랑포구 역사공원은 연천 고랑포구의 역사와 문화, 변천사를 VR·AR 체험을 통해 느낄 수 있는 체험장이다.

연천군의 축제로는 음악을 주제로 하는 **연천 DMZ 국제음악제**가 있다. 매년 8월 중에 개최된다. 연천 DMZ 국제음악제는 한반도의 중심이자 DMZ 생태평화의 보고인 연천에서 '평화와 화합'이라는 주제로, 2011년에 세계가 함께 어우러지는 문화 행사로 시작되었다. 이는 국내외 저명한 클래식 아티스트들과 다양한 장르의 음악이 함께 어우러지는 수준 높은 클래식 음악제로, 지구촌이 하나가 되는 국제 음악 축제로 자리잡고 있다.

연천 고려문화제는 역사와 전통이 울림을 주는 축제다. 매년 10월에 경기도 연천 미산면 아미리 숭의전 등에서 진행된다. 연천 고려문화제는 600년 넘게 이어온 전통을 자랑하는 숭의전 추계 제례일 즈음인 매년 10월 첫째 주말에 2일간 개최된다. 고려 시대를 테마로 한 전시, 체험, 공연 등의 프로그램과 지역 주민 직거래 장터 등도 열린다. 고려문화제에서만 볼 수 있는 최근 복원된 '일무아악' 시연도 큰 볼거리이며, 연천군 향토 문화재인 전통 노동요 '아미산울어리' 공연과 고려를 상징하는 다양한 개막 축하 공연 등이 좋은 평가를 받고 있다.

경기 파주시

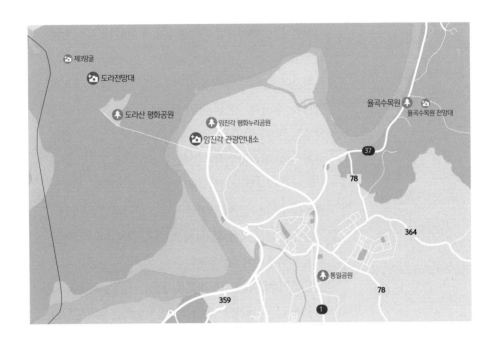

파주시는 경기도 서북부에 있는 도농 복합 도시이다. 서쪽으로는 한강을 경계로 김포시, 동쪽으로 양주시와 연천군, 남쪽으로 고양시와 접하고 있으며, 북으로는 개풍군, 개성시와 경계를 이루고 있다. 판문점, 임진각 국민관광지, 경의선, 1번 국도 등이 있어 남북 통일의 관문으로 불린다. 운정 신도시와 문산, 파주 출판도시의 호재에 힘입어 인구가 계속 증가하고 있으며 최근 성장하는 도시이다.

파주시는 스스로 '한반도 평화수도'라고 부르고 있다. 파주시 역사 관광지로는 국가 사적인 삼릉을 첫 번째로 꼽을 수 있다. 파주 삼릉(공릉·순릉·영릉)(사적 제205호)은 파주시 조리읍에 있다.

공릉(恭陵)은 조선 제8대 예종(睿宗)의 원비(元妃) 장순왕후(章順王后) 한 씨의 능이다. 장순왕후는 상당부원군(上黨府院君) 한명회(韓明澮)의 딸로 1460년(세조 6) 16세의 나이로 세자빈에 책봉돼 인성대군(人城大君)을 낳고 이듬해 17세의 나이로 승하하였다. 1472년(성종 3)에 왕후로 추존되었다.

공릉은 당초 왕후릉이 아닌 세자빈 묘로 조성돼 초석, 병풍석과 난간 등이 생략되고, 양석과 둘레돌을 둘러 무덤을 보호하게 하였다. 봉분 앞에 상석(床石)과 8각의 장명등을 세우고 좌우 양쪽에 문인석(文人石) 2기를 세웠다. 봉분 주위로 석마(石馬), 석양(石羊), 석호(石虎) 각각 2필씩을 두어 능 주변을 호위하고 있다. 능 아래에 정자각(丁字閣)과 비각(碑閣), 홍살문이 있다. 비(碑)에는 조선국장순왕후공릉(朝鮮國章順王后恭陵)이라 새겨져 있다.

순릉(順陵)은 조선 제9대 성종(成宗)의 원비(元妃)인 공혜왕후(恭惠王后) 한 씨의 능이다. 공혜왕후 역시 상당부원군 한명회의 딸로 공릉의 장순왕후와 서로 자매지간이다. 성종 즉위와 더불어 왕비가 되었지만 성종 즉위 5년인 1474년 4월 슬하에 자식 없이 19세의 나이로 승

파주 삼릉의 모습 (파주시 제공)

하했다.

순릉은 무덤 밑 둘레에 12칸의 난간석이 둘려 있는데, 여기에 표현된 작은 기둥은 건원릉과 태종의 헌릉을 본받은 것으로, 조선 초기 무덤에 쓰인 석물의 특징을 잘 나타내고 있다. 봉분 앞에 상석과 8각의 장명등을 배치하고 양쪽으로 문인석과 망주석 2기를 두었다. 또 석양, 석호 각각 2필씩을 두어 능 주위를 호위케 하고 있다. 능 아래에 정자각, 비각, 홍살문이 있다. 비에는 조선국공혜왕후순릉(朝鮮國恭惠王后順陵)이라 새겨져 있다.

영릉(永陵)은 조선 제21대 영조(英祖)의 맏아들인 효장세자(孝章世子) 진종(眞宗·추존)과 그 비(妃) 효순왕후(孝純王后) 조 씨(趙氏)의 능이다. 진종은 1719년(숙종 45)에 태어나 1724년 영조 즉위와 더불어 왕세자로 책봉되었으나 1728년 10세의 나이로 승하해 시호를 효장이라 하였다. 1762년 영조는 둘째 아들인 사도세자(思悼世子)를 폐위한 뒤 사도세자의 아들인 왕세손(훗날 正祖)을 효장의 아들로 입적시켰다. 효장은 정조 즉위 후, 영조의 유언에 따라 진종으로 추존되었고, 능호도 영릉(永陵)이라 하였다. 효순왕후 조 씨는 풍릉부원군(豊陵府院君) 조문명(趙文命)의 딸로 1727년 13세에 세자빈에 책봉되었으나 다음 해에 세자의 죽음으로 홀로 되었다가 1751년 춘추 37세로 승하해 효장세자와 함께 왕후로 추존되었다.

영릉은 왕릉과 왕비릉이 있는 쌍릉이다. 2기의 상석을 앞에 놓았으며, 그 중간에 사각옥형의 장명등을 배치하고, 문

파주 아지동 테마파크 모습 (파주시 제공)

인석 2기와 석양, 석호를 각각 2필씩 배치해 능 주위를 호위케 하였다.

파주시 탄현면 법흥리에 자리잡은 **아지동 테마파크**에는 20년 역사를 가진 헤이리마을 예술인들과 예술을 사랑하는 스위스, 독일, 대만, 프랑스, 한국 작가들의 작품이 전시되어 있다. 100년 역사를 지닌 오르골부터 세계적인 작가들의 인형, 다양한 규모의 미니어처 작품에 이르기까지 17개 존(Zone)으로 구성돼 각기 다른 느낌의 작품을 관람할 수 있다.

타임캡슐(옛 생활박물관)은 파주시 탄현면에 있는 생활사 박물관이다. 양은 냄비, 양철 도시락, 흑백 TV 등 60~70년대 기억들을 눈앞에 그대로 되살려 놓은 추억의 공간이다. 1층 근대 생활관과 2층 전통 자료실로 나뉘어 있는 이곳은 조각가 오채현 씨가 20여 년 모아온 생활 물품과 자료들을 전시하고 있다.

낡은 나무 책상과 오래된 칠판, 풍금이 있는 교실 풍경, 지금은 이미 중견이 되어버린 배우들의 젊은 시절 사진을 표지로 한 수십 년 전의 잡지들, 동네 이발소의 삐걱거리는 의자와 거울, 깨끗한 것보다는 손때 묻은, 직접 써서 추억이 담긴 물건을 전시한 이곳에서는, 진열된 모든 것을 만져보고 입어볼 수 있다.

임진각 관광지는 1950년 6월 25일 발발한 한국전쟁과 그 이후의 민족 대립으로 인한 슬픔이 아로새겨져 있는 곳이다. 파주시 문산읍에 있다. 임진각은 임진강의 누각이라는 뜻을 가지고 있다. 지리적으로는 군사분계선에서 7km 아래에 위치한다. 임진각은 1972년 실향민의 아픔을 달래기 위해 당시 1번 국도를 따라 민간인이 갈 수 있는 최북단에 세워졌다. 임진강 지구 전적비, 미국군 참전비 등 각종 기념비가 있다.

남북 분단 전 한반도 북쪽 끝 신의주까지 달리던 기차가 이곳에 멈춰 서 전시되고 있다. 이곳에 있는 **망배단**은 1985년 9월 26일 조성됐다. 휴전선 북쪽에 고향이 있는 실향민들이 설날과 추석 때, 가족이 보고 싶을 때 고향과 조금이라도 가까운 곳에서 이북에 계신 부모·조부모에게 배례하는 장소다. 소식이 끊겨 생사도 불명확한 가족을 애타게 찾는 이산가족의 아픔이 서린 곳이기에 분단의 아픔을 되새기며 통일을 염원하는 통일안보 관광지로 매년 많은 내·외국인이 방문하고 있다. 인근에 국립 **6·25전쟁 납북자기념관**도 둘러볼 수 있다.

01 02 파주 임진각 (파주시 제공)

임진각 관광지에서는 특별한 경험을 할 수 있는 시설이 2020년 9월에 생겼다. 바로 파주 임진각 **평화곤돌라**다. 임진각 하부의 정류장에서 출발해 민간인 출입 통제선 지역인 군내면 백연리까지 850m 구간을 운행하는 국내 유일의 민통선 구간을 연결하는 파주 케이블카다. 이 평화곤돌라를 타면 왼쪽으로는 자유의 다리, 오른쪽으로는 통일대교가 보이고, 곤돌라 최고 높이인 50m 지점에서는 드넓은 임진강을 조망할 수 있다.

곤돌라를 타고 임진강을 건너 상부 정류장에 도착하면

임진강 평화전망대와 캠프그리브스전시관을 볼 수 있다. 임진각 평화전망대에는 4·27 남북정상회담 당시 문재인 대통령과 김정은 위원장이 산책하며 담소를 나누던 판문점 도보 다리도 재현해 두어 당시의 감동을 느낄 수 있다.

임진각 평화누리공원은 2만 명의 관람객을 수용할 수 있는 대형 잔디 언덕과 수상 야외 공연장으로 이루어진 자연친화적 공간이기도 하다. 장르를 넘어선 다양한 공연들이 수시로 펼쳐진다. 생명촛불 파빌리언에서는 지구상의 어린이가 밝고 건강하게 자랄 수 있도록 도와주는 기부 프로그램이 운영되어 청소년 교육의 효과도 얻을 수 있다.

임진각 관광지 인근에 있는 도라산 평화공원은 DMZ 투어에서 빠질 수 없는 곳이다. 도라산 평화공원은 2002년 도라산역 개방 때부터 구상되기 시작해 2006년 5월 12일 착공해 2008년 6월 완공했다.

2008년 9월 10일 시민들에게 개방된 평화공원은 7,200여 m² 규모의 한반도 모양의 생태 연못과 600여 m²의 관찰덱(Deck)이 마련되어 DMZ의 자연 생태를 체험할 수 있다. 한적한 산책로와 편하게 쉴 수 있는 쉼터도 있다.

도라산 평화공원 인근에 도라산전망대가 있다. 도라산전망대는 송악산 OP 폐쇄에 따라 대체 신설되었다. 북한의 생활 모습을 바라볼 수 있는 남측의 최북단 전망대로 인기가 높다. 망원경이 설치되어 있어 개성의 송학산, 김일성 동상, 기정동, 개성시 변두리, 금암골 등을 볼 수 있다. 날씨가 맑은 날에는 개성공단까지 볼 수 있다.

도라산전망대는 민간인 통제구역 안에 있기 때문에 일반 승용차의 출입이 제한된다. 전망대 안에는 관람석 500석, 주차장 등의 부대 시설이 있는데, 일반에게는 1987년 1월부터 공개되고 있다.

제3땅굴도 이곳 인근에 있다. 1974년 9월 5일 북한에서 귀순한 김부성이 '자신은 남측으로 향하는 땅굴을 측량한 측량기사인데 비무장지대 안에 땅굴이 있다.'고 제보하면서 발굴 작업이 시작되었다. 이후 별다른 징후를 발견하지 못하다가, 3년이 지난 1978년 6월 10일 한 시추공에서 폭발음과 함께 물이 솟아오르는 것을 포착하게 되었다. 군에게 발견된 제3땅굴은 문산까지의 거리가 12km, 서울까지의 거리는 52km 지점에 있다. 폭 2m, 높이 2m, 총길이는 1,635m로 1시간당 3만 명의 병력 이동이 가능하다.

문산읍에서 차로 20분 정도 가면 적성면에 들어서게 된다. 이곳에 **임진강 황포돛배**가 있다. 조선 시대 주요 운송 수단이던 황포돛배를 원형 그대로 되살려 임진강 두지리에서 자장리까지 배를 타고 내려오는 황포돛배(나룻배) 투어가 생겼다. 40여 분 동안 '임진강 적벽'의 절경을 볼 수 있는 여행이다. 특히 60만 년 전 형성된 높이 20m의 붉은 수직 절벽이 장관을 이루는 '임진 적벽'을 가까이서 볼 수 있다. 두지리 나루터에서 출발한 유람선은 자장리 석벽을 구경하며 3km를 내려가다 수심이 발목 정도로 낮아지는 고랑포 여울목에서 배를 돌

고지에서 바라본 북측 마을

려 다시 두지리로 돌아온다. 왕복 6km 거리의 비교적 짧은 이색 유람이다.

임진강 황포돛배에서 차로 15분 정도 떨어진 적성면으로 가면 해발 674m 높이의 감악산이 있다. 감악산은 경기 오악(五岳) 중 하나로, 바위 사이로 검은빛과 푸른빛이 동시에 나왔다 하여 '감색 바위산'이란 뜻으로 이름 지어졌다. 감악산 둘레길의 시작점에 위치한 감악산 출렁다리는 도로로 인해 잘려져 나간 설마리 골짜기를 연결해 준다. 출렁다리는 150m의 무주탑 산악 현수교로 자연과 조화를 이루도록 설계되었다. 아기자기한 계곡 속의 운계폭포는 감악산의 자랑으로, 거의 수직으로 떨어지는 폭포는 겨울 빙벽 훈련에도 이용된다. 정상에는 감악산비(古碑, 높이 170cm, 향토유적 제8호)가 서 있고, 장군봉 바로 아래에는 임꺽정이 관군의 추격을 피해 숨어 있었다는 임꺽정굴이 있다. 감악산은 휴전선과 가까워 정상에 오르면 임진강과 개성의 송악산이 보인다.

파주시 축제는 율곡문화제와 파주예술제로 대표된다.

율곡문화제는 파주시 이이 유적지에서 매년 1월에 열린다. 파주의 종합 문화 예술 축제인 율곡문화제는 파주가 낳은 우리 민족사의 대선현(大先賢)인 율곡(栗谷) 이이(李珥) 선생의 유덕을 추앙하고, 파주시민들의 어우러짐을 위하여 마련되는 시민 축제로, 율곡 선생 유적지 중심으로 개최되고 있다.

파주예술제는 매년 6월에 파주 금촌 시가지 일대에서 진행되는 흥겨운 예술 축제다. 1996년도에 설립한 파주예총이 국악, 무용, 문인, 미술, 연극, 연예, 음악 7개 장르 예술단체 회원들과 뜻을 모아 벌이는 지역의 예술 발전과 시민과의 어울림, 나눔을 위한 종합 예술제다. 파주예술제는 인간의 기본적인 욕구인 예술적 갈망을 감동으로 풀기 위해 모인 파주시의 예술인들이 마련하는 어울림의 장으로 성장하고 있다.

매년 11월 파주시 아시아출판문화정보센터에서 진행되는 **파주 북소리축제**도 있다. 파주 북소리축제는 '책과 지식의 축제'라는 캐치프레이즈로 2011년부터 파주시와 출판도시가 공동으로 개최하는 아시아 최대 규모의 북페스티벌로 독자와 출판인, 작가가 한자리에 모여 문화와 지식을 나누는 자리이다.

파주 출판도시를 알리는 교통 이정표

인천광역시 강화군

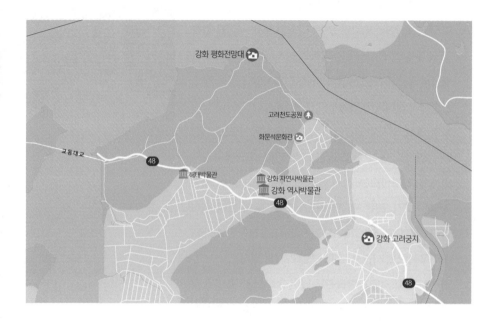

강화군은 인천광역시 북서부에 위치해 강화도와 15개 작은 섬으로 구성돼 있다. 동쪽으로는 경기도 김포시와 마주한다. 강화도로 통하는 유일한 육로인 강화대교와 초지대교 역시 김포로 통한다. 북쪽으로 한강 하구를 통해 북한과 가까이에 있다. 전국 새우젓의 70%를 생산한다. 강화군 마니산 정상에는 단군이 천제를 올리던 곳이라 전해지는 참성단이 있다. 조선 시대 서해안 수비 체제의 흔적인 초지진과 광성보를 통해 당시 신미양요의 흔적을 엿볼 수도 있다

강화군에는 강화의 문화유산을 보존·연구하여 전시할 목적으로 세워진 공립 박물관인 **강화 역사박물관**이 있다. 2010년 개관해 상설 전시실, 기획 전시실을 비롯하여 영상실, 강당, 뮤지엄 숍 등 다양한 부대 시설을 갖추고 있다. 상설 전시실에는 강화의 선사 시대 유적지와 고려왕릉에서 출토된 유물과 향교, 전통사찰 소장품 등의 문화재가 전시되어 있다.

강화 역사박물관 (강화군 제공)

특히 강화 역사박물관에서는 세계문화유산으로 지정된 강화 고인돌을 함께 관람할 수 있다. 고인돌공원에 있는 강화지석묘는 경기 지방을 비롯하여 중부 지방에서는 보기 드문 거대한 탁자식으로, 뚜껑 돌이 길이 710cm, 너비 550cm나 되는 대표적인 청동기 시대의 거석유적으로 시간을 내 볼 만한 가치가 있다.

인근에 **강화 자연사박물관**도 있어 둘러보기 편하다. 강화 자연사박물관은 강화의 유구한 역사 속에서 펼쳐지는 자연의 광대한 시나리오를 온 가족이 함께 체험하며 즐길 수 있는 곳이다.

강화 역사박물관에서 차로 10분 정도 이동하면 강화대교 인근에 **강화 전쟁박물관**이 있다. 강화 전쟁박물관은 천혜의 지정학적 위치를 지녀 역사의 고비마다 국방상 요충지 역할을 수행하며 외세의 침략을 막아낸 강화의 호국정신을 널리 알리기 위해 강화에서 일어났던 전쟁을 주제로 각종 전쟁 관련 유물을 전시하고 있다. 규모는 크지 않지만 강화의 전쟁 역사를 배우고 알아가는 데

강화 전쟁박물관 (강화군 제공)

강화 고려궁지 모습 (강화군 제공)

소중한 기회를 주는 박물관이다.

강화초등학교 근처에는 고려궁지가 있다. 고려궁지는 고려가 몽골군의 침략에 대항하기 위하여 도읍을 개경에서 강화로 옮긴 1232년(고종 19)부터 다시 환도한 1270년(원종 11)까지 38년간 사용되던 고려 궁궐터다. 〈고려사절요〉에 의하면, 최우(崔瑀)가 군대를 동원하여 이곳에 궁궐을 지었다고 한다. 규모는 작았으나 송도 궁궐과 비슷하게 만들고, 궁궐의 뒷산 이름도 송악(松岳)이라 하였다고 한다.

강화도에는 정궁(正宮) 이외에도 행궁(行宮), 이궁(離宮), 가궐(假闕) 등 많은 궁궐이 있었는데, 이곳 강화읍 관청리 부근은 정궁이 있던 터로 추정된다. 조선 시대에 들어와서 고려 궁궐터에는 강화의 지방 행정관서와 궁궐 건물이 자리를 잡았다. 강화의 궁궐은 행궁과 장녕전, 만녕전, 외규장각 등이 있었으나 병인양요 때 프랑스군에 의해 불타 없어졌다. 지금은 강화유수가 업무를 보던 동헌과 유수부의 경력(經歷)이 업무를 보던 이방청 등 조선 시대 유적만 남아 있다.

강화도에는 마음 편히 걸을 수 있는 둘레길도 있다. 강화 나들이 길은 선사 시대의 고인돌, 고려 시대의 왕릉과 건축물, 조선 시대의 진보(鎭堡)와 돈대(墩臺) 등 역사와 선조의 지혜가 스민 생활, 문화 그리고 세계적 갯벌과 저어새, 두루미 등 철새가 서식하는 자연 생태 환경을 보고 느낄 수 있는 여행길이다. 1코스부터 20코스까지 구성되어 있고, 곳곳에 안내판도 설치되어 있다. 각 코스마다 강화의 역사적 장소와 문화재, 생태를 즐길 수 있도록 꾸며져 있다.

강화의 최북단, 북한과 마주한 곳에 **강화 평화전망대**가 운영되고 있다. 강화 평화전망대는 지하 1층, 지상 4층 규모로 타 지역에서는 전망하기 힘든 북한의 독특한 문화 생태를 가까이에서 느끼고 비교할 수 있도록 2008년 9월 5일 개관하였다. 통일 염원소와 전시관, 전망대 등을 갖추고 있다.

교동대교를 타고 교동도로 넘어가면 **교동도 대룡시장**이 눈에 들어온다. 교동도 대룡시장은 황해도 연백군에서 피난 온 실향민들이 고향에 있는 시장인 '연백장'을 본떠서 만든 골목 시장이다. 골목 곳곳에 향수를 불러일으키는 벽화들과 조형물, 오래된 간판 모습을 간직하고 있다. 인근에 해발 260m 화개산이 있어 여유 있게 주변을 산책하기 좋다.

강화도 하면 **초지진**을 빼놓을 수 없다. 초지진은 강화의 해안 경계 부대인 12진보 가운데 하나이다. 병자호란 이후 서해안 수비 체제가 강화도 중심으로 개편되면서 경기 서남부 해안의 진(鎭)들이 강화도와 근처로 옮겨오게 된다. 1653년(효종 4)에 남양의 영종진이 인천부 자연도로 옮겨왔다. 영종진이 자연도에 자리잡으면서 섬의 이름도 영종도로 바뀌었다. 영종진을 남양에서 자연도로 옮긴 것은 자연도가 해상에서 강화도로 진입

강화 초지진 (강화군 제공)

하는 길목이라는 중요성 때문이다. 이에 영종도는 강화도를 지키는 1차 방어선 기능을 하게 되었다.

초지진은 1656년(효종 7)에 안산에서 옮겨왔다. 초지진에서 초지돈대, 장자평돈대, 섬암돈대를 맡아 지휘했다. 또 1871년(고종 8) 신미양요 때 미군과 충돌했던 격전지이기도 하다. 1875년(고종 12) 일본 운요호사건 때 상륙을 시도하는 일본군과 치열한 전투를 벌인 곳이기도 하다. 당시 초지진을 지키던 조선군이 일본군을 격퇴했다. 패배한 일본군은 철수하면서 영종도를 훼손했다. 이후 초지진은 허물어졌고, 초지진이 관할하던 초지돈대만 남게 되었다.

동막해변(동막해수욕장)은 강화 여행에서 **빼놓을 수 없**는 곳으로 손꼽힌다. 동막해변은 백사장과 울창한 소나무 숲으로 둘러싸여 천혜의 자연 경관을 자랑하고 있다. 강화 남단에 펼쳐진 갯벌은 물이 빠지면 직선 4km까지 갯벌로 변한다. 이곳에 검은 개흙을 뒤집어쓰고 기어가는 칠게, 갯지렁이가 살고 있다. 밀물 때에는 해수욕을 할 수 있고, 썰물 때에는 갯벌에 사는 여러 가지 생물을 관찰할 수 있다. 가족 단위의 여름 휴양지로 널리 알려져 있다. 인근 **분오리돈대**에 오르면 강화의 남단 갯벌이 한눈에 들어오고 멀리 인천국제공항도 보인다.

강화도 석모대교를 건너 인천 강화군 삼산면에 석모도 **수목원**이 있다. 석모도수목원은 바다와 숲이 함께하는 아름다운 녹색 정원이다. 울창한 숲과 다양한 자생식물

강화 동막해변 (강화군 제공)

등 자연 경관을 그대로 보존한 석모도수목원은 이용객 편의를 위한 숲속의 집, 휴양림을 연결하는 아늑한 오솔길 등 편안하고 쾌적한 쉼터를 제공하고 있으며, 자연 학습 체험 공간으로 구성되어 있다.

석모도수목원 인근에 **민머루해수욕장**도 있다. 민머루해수욕장은 주변 경관이 뛰어나고 물이 빠지면 게, 조개, 낙지 등을 잡을 수 있다. 이때, 맨발로 갯벌에 들어가면 부드러운 흙의 감촉을 그대로 느낄 수 있으며, 아이들과 살아 움직이는 생물들을 관찰하다가 바라보는 낙조는 무척 환상적이다.

강화 석모도 해변 (강화군 제공)

인천광역시 옹진군

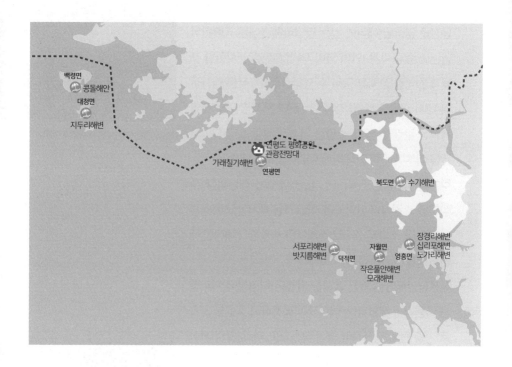

인천광역시 옹진군은 경기도와 인천 앞바다의 26개 유인도, 74개 무인도로 이루어져 있다. 북쪽으로 강화군, 동쪽으로 경기도 안산시, 남쪽으로 충남과 마주한다. 행정구역은 7개 면으로 이루어져 있다. 섬 지역의 특성상 주민 상당수가 수산업에 종사하며, 특히 연평도를 중심으로 꽃게 잡이가 활발하다.

옹진군은 아름다운 섬의 고장이다. 각기 다른 특색과 아름다움을 지닌 유명한 해변과 접경지역의 특수성이 어우러진 곳이다.

옹진군 영흥면 내리에 있는 **장경리해변**에는 100년이 넘는 노송 군락지 1만여 평이 자리잡고 있어, 시원한 그늘과 솔밭길 산책을 즐길 수 있다. 해변은 작은 백사장이 1.5km가량 펼쳐져 있어 해수욕과 모래찜질 및 갯벌 체험을 즐길 수 있다. 수평선 너머 서해안의 낙조가 장관을 이루어 가족 단위 여행지로 손꼽히는 곳이다.

옹진 장경리해변의 모습 (옹진군 제공)

수기해변은 옹진군 북도면 시도리에 있는 해변이다. 수심이 얕고 경사가 완만하며, 희고 고운 백사장으로 이루어져 있다. 소나무 숲으로 둘러싸인 시원하고 쾌적한 해변으로 많은 관광객이 찾고 있다.

작은풀안해변은 인천 옹진군 자월면 이작리에 자리잡은 아름다운 해변이다. 백사장이 깨끗하고 조용한 곳으로 가족 단위 피서객이 많이 찾는 곳이다. 간만의 차가 심하지 않은 곳으로 해수욕을 즐길 수 있으며 간조 시에는 고동, 낙지, 박하지(게) 등을 잡을 수 있다.

십리포해변은 인천에서 서남방으로 32km 떨어진 영흥도의 북쪽에 위치한 해변이다. 길이가 1km, 폭이 30m로, 왕모래와 작은 자갈로 이루어져 있다. 밤에는 수평선 너머로 인천광역시와 인천국제공항의 조명이 어우러져 한 폭의 그림처럼 보이는 곳이다. 해변의 뒤쪽에는 특이한 모양의 소사나무가 자생하는 우리나라 유

옹진 십리포해변의 모습 (옹진군 제공)

옹진 콩돌해안의 모습 (옹진군 제공)

일의 군락지가 있는데, 소사나무는 1997년 인천광역시 보호수로 지정된 이색 나무이다.

콩돌해안은 옹진군 백령면 남포리에 있는 백령도의 지형과 지질의 특색을 나타내는 곳 중 하나다. 해변에 둥근 자갈들로 구성된 퇴적물이 단구상 미지형으로 발달한 해안이다. 콩돌해안은 백령도 남포동 오금포 남쪽 해안을 따라 1km 정도 형성되어 있고, 내륙 쪽으로는 군부대의 해안 초소와 경계 철조망이 설치되어 있다. 둥근 자갈들은 백령도의 모암인 규암이 마모를 거듭해 형성된 콩과 같이 작은 모양을 지니고 있어 '콩돌'이라 한다. 그 색상이 백색, 갈색, 회색, 적갈색, 청회색 등으로 형형색색을 이루고 있다.

천연기념물로 지정된 해변도 있다. 옹진군 백령면 사곶로에 있는 **사곶해변**이다. 천연기념물 제391호로 지정된 사곶해변에는 아름다운 천연 비행장도 있다. 한때 군부대 비행장으로 사용하던 이곳은 고운 모래와 돌멩이들이 넓이 300m, 길이 3km의 넓은 백사장을 이루어 여름 피서지가 되었다.

서포리해변은 옹진군 덕적면 서포리에 있다. 100년이 넘는 노송이 울창한 숲을 이룬 해변이다. 보기만 해도 참으로 아름다운 곳이다. 완만한 경사와 넓이 300m, 길이 3km의 넓은 백사장은 해마다 10만 명이 넘는 관광객의 휴식처가 되고 있다.

주변의 갯바위에서는 낚시와 해수욕을 동시에 즐길 수

있다. 이곳에서 배를 타고 1시간 정도 나가면 바다낚시를 즐길 수 있어 많은 관광객의 발길이 끊이지 않는다. 섬 주변에는 서포리해수욕장에 버금가는 **밧지름해수욕장**이 있다. 덕적면에 속한 27개의 작은 섬들도 아름답고 깨끗하다.

옹진군 대청면 대청리에는 **지두리해변**이 있다. 자두리는 직각(ㄴ) 형태의 문(門) 경첩의 대청도 사투리에서 나온 것으로, 해변에 동서로 가로지른 산줄기가 여름철 계절풍인 태풍, 남풍, 남서풍, 남동풍을 막아주어 파도가 없는 안전한 해수욕을 가능케 한다. 가로 1km, 세로 300m의 잘 발달된 백사장은 수심이 완만하여 가족 피서지로 적합한 곳이다.

모래해변은 옹진군 자월면 자월리에 위치한다. 바람결에 따라 변하는 모래 표면이 아름다운 모양을 드러내는 곳이다. 해안사구가 잘 발달하고 생태계가 잘 유지 보존되어 있고, 곳곳에 형성된 모래사장과 모래톱은 해안사구와 함께 특이한 지형을 이뤄 이곳만의 특색 있는 아름다움을 만들어 낸다.

관광전망대(조기역사관)는 연평도 역사와 함께하는 조기잡이 풍물을 재조명하고, 자라나는 2세들의 교육 장소로 활용하고자 건립됐다. 관광전망대에 오르면 북서쪽으로 병풍바위와 기암괴석이 절경을 이루고, 아름다운 석양이 고향을 잃은 실향인의 마음을 뭉클하게 한다. 1999년 6월 15일에 발생한 서해 교전지도 볼 수 있다.

조기역사관 (옹진군 제공)

연평도 평화공원은 제1연평해전에서 조국의 바다를 수호하기 위해 희생한 25명의 숭고한 희생정신을 기념하고 추모하기 위하여 조성된 공원이다. 공원 중앙에 전시된 추모비는 피라미드 형태로 25개의 용치(龍齒)를 형상화했으며, 용치는 용의 이빨을 형상화한 방어 시설로 국토 방위에 관한 굳건한 의지를 담고 있다.

연평도 평화공원과 관광전망대 사이에는 **가래칠기해변**도 있어 함께 즐길 수 있다. 가래칠기해변은 알록달록한 자갈과 굵은 모래알이 관광객들의 발을 즐겁게 해주는 평온한 자연 해안이다.

연평도 평화공원의 모습 (옹진군 제공)

경기 김포시

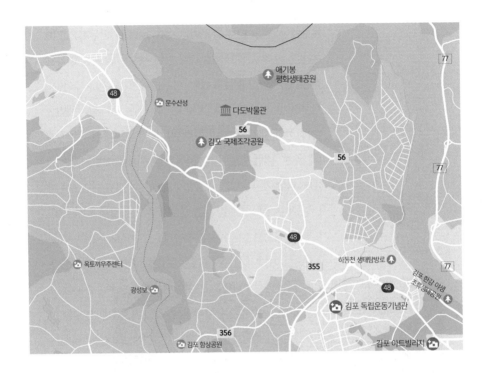

김포시는 한강과 염하(鹽河) 등으로 3면이 하천에 둘러싸인 반도 형태를 이루고 있다. 행정구역
이 서울특별시와 맞닿아 있는 동시에 북한과 접경하는 유일한 기초자치단체이다. 김포시는 시
전체가 강과 운하로 둘러싸여 있어 한반도의 남과 북, 내륙과 해양을 연결하는 복합 관광지로 성
장하고 있다.

김포 애기봉 평화생태공원 모습 (김포시 제공)

김포 애기봉 평화생태공원은 1978년에 설치되어 노후
화된 기존의 전망대를 철거하고 북한 땅을 최단 거리에
서 바라볼 수 있는 새로운 조망 전망대와 평화, 생태, 미
래의 이야기를 담은 공간으로 다시 태어났다. 애기봉 평
화생태공원은 한반도 유일 남북 공동 이용 수역에 위치
하여, 평화와 화합을 대표하는 상징적인 장소이다. 이곳
은 한국전쟁 당시 남북이 치열하게 전투를 벌였던 154
고지로, 세계 유일 분단 지역이라는 상징성을 지니고,
접경지역 일원의 무궁한 생태 자연을 보유한 한강 하구
에 있다.

애기봉 평화생태공원에서 차로 10분 정도 이동하면 갈
수 있는 곳이 다도박물관이다. 월곶면에 위치한 다도박
물관은 가족이 함께 맑은 공기와 좋은 물로 우린 차를
마시며 마음의 여유를 나눌 수 있는 곳이다. 2001년 사
단법인 예명원이 개관한 다도박물관은 3만 3,000m²
의 부지에 지상 3층 규모로, 전시장 외에도 조각 공원과
도자기 공방, 천연 염색 체험장, 연못 등의 부대 시설을
갖추고 있다. 잔디 광장을 갖춘 복합 예술 공간이기도
하다. 박물관 뒤로는 울창한 숲이 병풍처럼 둘러싸여 있
어 한 폭의 그림 같다. 전시실에는 다기·화로 등 3,000
여 점의 다도구가 전시되어 있다.

김포 국제조각공원은 1998년에 분단의 아픔이 아직 가
시지 않은 월곶면 문수산 자락에 조성되었다. 이곳에는
김포시민들의 정서와 통일의 염원이 깃들어 있다. 특히

01 02 김포 국제조각공원 모습 (김포시 제공)

다니엘 뷔렌 등 세계적 조각가 14명과 국내 저명 작가 16인
의 작품 30여 점이 이곳에 전시되어 있는데, 주변 경관과
조화를 이뤄 구성, 설치된 조각품들은 산책을 즐기면서 직
접 만져볼 수도 있다. 청소년 수련원이 함께 있어 청소년이
나 단체가 저렴하게 숙박·수련할 수 있으며, 썰매장 등을 함
께 운영하고 있다.

김포시 양촌읍의 **하동천 생태 탐방로**(김포시 양촌읍 누산리)
는 자연 경관이 아름답다. 한강수계 소하천인 하동천은 자
연 경관이 아름답고, 기러기와 청둥오리 등의 조류와 너구
리, 족제비 같은 포유류, 135종에 달하는 관속식물을 만날
수 있는 생태계의 보물 창고다. 하동천을 따라 황토길, 관찰
데크, 쉼터데크 등 탐방 시설과 특화 조형물, 생태 학습장 등
체험 시설이 조성되어 있다.

김포 한강 야생조류생태공원도 자연 경관이 뒤지지 않는
다. 탁 트인 한강 변에 펼쳐진 푸른 습지와 넓은 들판을 따
라 걸으면 철새들의 힘찬 날갯짓 속 생태 이야기가 들려오
는 듯하다. 재미있는 생태 체험과 지친 마음을 위로해 주

는 산책길이 있는 수도권 최대 생태 공원이다. 56만 7,000 여 m²의 땅에 조성된 이곳은 김포한강신도시 조성에 따라 야생 조류의 생태와 서식 환경을 보존·관리하기 위해 철새들이 많이 찾는 반달형 농경지를 만들었다. 큰기러기, 쇠기러기, 재두루미 등이 날아들어 다양한 철새를 관찰할 수 있다. 물길을 따라 걸으며 느끼는 한강의 정취와 아름다운 생태 공원의 경관에 철새와 사람 모두 쉬어가기 좋다.

교육의 장소도 여럿 있다. 우선 **김포 독립운동기념관**은 자랑스러운 역사의 고장 양촌읍의 오라니장터 3·1 만세운동을 재조명하고, 애국지사의 투철한 애국정신을 영원히 기리기 위하여 2013년 2월 개관했다. 2021년 공립 박물관으로 등록되어 역사 교육의 장으로 자리매김하고 있다.

김포 아트빌리지는 김포시 운양동 모담산 자락에 자리잡고 있다. 김포 아트빌리지는 김포의 문화예술 복합 공간이다. 16개의 한옥동과 4개의 창작동, VR체험관, 아트센터와 야외 공연장, 전통놀이마당 등 다양한 문화예술 콘텐츠가 응축된 장소로서 전시, 행사, 교육, 축제 등 다양한 볼거리를 자랑하는 곳이다.

안보관광지로 **김포 함상공원**이 김포시 대곶면 대명항에 있다. 김포 함상공원은 62년간 바다를 지켜오다 2006년 12월 퇴역한 상륙함(LST)을 활용하여 조성한 곳이다. 함상 체험 등 독특한 경험을 할 수 있다.

김포 장릉은 조선 16대 인조(1623~1649년)의 생부인 원종과 그의 비 인헌왕후 구 씨의 능이다. 원종은 선조의 다섯째 아

들 정원군으로 용모가 출중하고 태도가 신중했으며, 효성과
우애가 남달라 선조의 사랑을 많이 받았다.

정원군은 처음엔 양주군 곡촌리에 묻혔다. 큰아들 능양군
(인조)이 인조반정으로 광해군을 폐위시키고 왕위에 오르
자 정원군은 대원군에 봉해졌고, 그의 묘가 원으로 추숭되
어 흥경원(興慶園)이라 했다. 1627년 인조는 정원군 묘를
김포현의 성산 언덕으로 천장했고, 1632년 다시 왕으로 추
존하여 묘호를 원종, 능호를 장릉이라 했다.

인헌왕후는 아들(인조)이 즉위하자 연주 부부인이 되었고,
궁호를 계운궁(啓雲宮)이라 했다. 1626년 49세로 세상을
떠났으며 김포 성산 언덕에 예장하고 원호를 육경원(毓慶
園)이라 했다. 흥경원을 이곳으로 다시 천장하면서 원호를
흥경원이라 합쳐 불렀다. 능의 규모와 규격은 조선 중기의
전형을 말해주는 듯하고, 능 아래는 제사를 지내는 재실이
있으며, 조선 21대 영조와 22대 정조가 매년 행차하여 제

사를 모셨으며, 능 주위는 공원처럼 꾸며져 있다.

김포 장릉에서 멀지 않은 김포대교 인근에 아라마리나가 있다. 아라김포 여객터미널 옆이다. 이국적인 풍경을 자랑하는 경기 유망 관광지 '김포 아라마리나'는 200선석(船席)에 가까운 대형 계류 시설과 선박 전용 주유 시설 및 선박 수리소 등을 갖추고 있으며, 파티보트, 크루저요트, 범퍼보트, SUP, 수상자전거, 카약, 카누 등 다양한 수상레저 기구들을 쉽고 저렴하게 체험할 수 있는 공간이다.

축제는 김포 평화축제가 유명하다. 매년 10월 경기도 김포시 모담공원로 170 야외 공연장에서 열리는데, 20년 이상 된 벚꽃나무가 식재된 금파로 일원에서 진행되며 버스킹, 플리마켓, 체험 행사, 푸드트럭, 먹거리 부스 등 다양한 먹거리와 볼거리와 함께 화사한 벚꽃을 즐길 수 있는 김포의 명품 축제이다.

매년 4월 개최되는 가현산 벚꽃축제에서 볼 수 있는 가현산 정상 부근에 조성된 진달래 군락지도 일품이다. 진달래가 만개하여 핑크빛으로 옷을 갈아입는 모습을 보려는 사람들의 발길이 이어진다. 아름다운 진달래가 시민들의 정서를 정화하고 가족들의 봄나들이에 편안한 휴식 공간을 제공한다. 풍물놀이, 가족사진 찍기 대회, 보물 찾기, 먹거리장터 등도 마련된다.

서해 5도, 해상의 NLL 답사

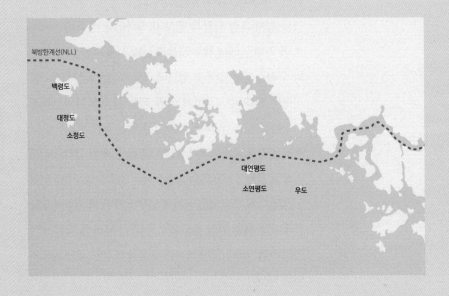

서해 5도는 인천광역시에 속하는 백령도와 대청도, 소청도, 연평도, 우도, 북한과 인접한 5개의 섬을 말한다. 6·25전쟁 이후 우리나라 해상에 이름은 같으나 전혀 다른 두 개의 북방한계선이 존재한다. 하나는 앞서 설명한 군사분계선을 기준으로 북쪽으로 2km 물러난 지점에 설정되어 북한 쪽의 비무장지대를 형성하는 북방한계선이다. 남쪽으로 2km 물러난 지점에 설정된 남방한계선에 대응하는 개념이다. 또 하나의 북방한계선은 해상에 있다. 서해 5도와 북한 땅 사이 해상 위에 존재한다. 우리에게 익숙한 NLL(Northern Limit Line)은 해상의 북방한계선을 가리킨다. 해상의 NLL은 정전협정서에 문자로 분명하게 기재돼 있지는 않지만 사실상의 또 다른 군사분계선이다.

북한 땅과 매우 가까운 거리에 있는 서해 5도는 국토 서 북단 DMZ가 없는 바다 위에 위치한다. 군사적으로 중 요한 위치이고, 우수한 자연 경관과 생태계를 간직한 곳 이다.

백령도는 서해 최북단으로 우리나라에서 8번째로 큰 섬이다. 행정구역상 인천광역시 옹진군 백령면이다. 대 규모 모래 해안과 해식애 같은 지형 경관에서부터 지질 적 가치가 높은 현무암 분포지가 있으며, 서해안에서 유 일한 해양 포유류인 천연기념물 제331호 백령점박이 물범의 최남방 서식지이다. 황새와 청둥오리 등 해마다 무리지어 찾아오는 철새들의 낙원이기도 하다. 백령도 두무진의 검은 모래사장은 명승지로 지정되어 보호받 고 있으며, 많은 식물과 조류, 해변, 특이지형 등이 천연 기념물로 지정·관리되고 있다. 통일 기원탑, 통일 기원 비 등 다양한 안보관광 자원이 있다.

대청도는 강화도 서북쪽 남방한계선 인근에 위치하며, 행정구역상 인천광역시 옹진군 대청면에 해당한다. 전 체적으로 경사가 급한 산지로 이루어져 있다. 해안선은 대체로 단조롭다. 대청도는 백사장이 깨끗하고 주변 풍 경이 아름다워 휴양하기 좋은 섬으로 알려져 있다.

사탄동해수욕장 부근에는 우리나라 최북단에 위치한 천연기념물 제66호 동백나무 자생지도 있어 해마다 이 른 봄이면 붉은 동백꽃이 활짝 피어 장관을 이룬다. 우 리나라에서 보기 드문 모래산이 형성되어, 대규모 해안

백령도 두무진

사구와 여러 개의 모래 해변, 길쭉한 모래톱 등이 한데 어우러져 있다. 근해에 어장이 잘 형성되어 있다.

소청도는 행정구역상 인천광역시 옹진군 대청면에 속하는 동서로 긴 모양의 섬이다. 소청도는 다양한 어종의 수산물이 풍부한 지역이다. 또한 푸른 바다와 조화를 이루며 분칠한 듯 희다 하여 '분바위'라고 이름 붙은 바위가 해안선을 따라 펼쳐져 있다.

연평도는 북한의 옹진반도와 마주 보고 있다. 바다 위를 기차가 달리는 것처럼 평평하게 뻗쳐 있는 모양이라 하여 '연평도'라는 이름이 붙었다고 한다. 연평도 내에는 볼거리가 많다. 영화 〈빠삐용(1973)〉에서 주인공이 탈출한 절벽과 비슷하게 생긴 '빠삐용 절벽', 추운 겨울에 눈과 바닷물이 얼어붙으면 마치 아이스크림 같은 모양이 된다는 '아이스크림 바위', 조기잡이의 역사를 배울 수 있는 조기역사관 등이 여행객들에게 볼거리를 제공하고 있다.

연평도 아이스크림 바위 (옹진군 제공)

북방한계선 남쪽 연평도 인근에서는 1999년 6월 15일과 2002년 6월 29일, 두 차례에 걸쳐 우리 해군 함정과 북한 경비정 간에 해상 전투가 벌어지기도 했다. 북한의 기습 공격으로 시작된 전투로, 우리 해군은 연평해전을 계기로 교전 규칙을 소극적 대응에서 적극적인 응전 개념으로 바꿨다.

소연평도는 대연평도에 딸린 작은 섬이다. 대연평도에서 남쪽으로 6.4km 떨어져 있으며, 해안선을 따라 얼굴

바위 등 기암괴석과 석회암이 절경을 이룬다. 주변 바다에서는 농어, 민어, 준치, 우럭 등이 많이 잡히고, 굴이나 소라 등의 어패류도 풍부하다.

경작지에서는 감자, 옥수수, 고구마 등을 재배하는데 특히 고구마 맛이 좋은 것으로 유명하다. 또한 쇠의 대용으로 사용될 만큼 단단한 티탄이 생산되는데 티탄 탄광이 있는 오석해안에는 티탄 자갈밭이 있어 찜질 효과가 있는 것으로 알려져 있다.

기회가 된다면 한 번쯤 서해 5도를 둘러보며 과거의 역사와 현재의 유산, 미래의 가치를 느껴 보면 대한민국을 이해하는 또 다른 시각을 갖게 될 것이다.

연평도 조기역사관 (옹진군 제공)

　주머니에 쏙 들어가는 '스마트폰' 하나면 전 세계 곳곳의 정보를 얻을 수 있고, 화면 속이지만 쉽게 전 세계의 골목까지 여행하는 시대가 되었다. 이 책을 집필하며, 이러한 시대에 거의 자연에 가까운 우리 국토의 가장 북쪽에 위치한 DMZ와 그 접경지역을 찾아가고, 그 지역의 이야기를 듣는 것이 어떤 매력을 가지고 있을지 생각해 보게 되었다.

　도처에 화려한 건물과 최신 기술이 결합한 관광지가 즐비하다. 관광과 여행에 편리한 시설이 가득한 곳이 대부분이다. 넓은 주차장과 관광 안내소, 휴게실, 유명 커피숍 등. 하지만 DMZ와 접경지역은 자연의 공간 그대로 남아 있는 경우가 많다. 흙과 나무, 이를 모를 풀, 수많은 계곡, 미확인 지뢰 지대까지. 예전 원형까지는 아니지만 원형에 가까운 상태로 남아 있다. 개발의 손길이 미치지 않은 곳이기도 하지만 대한민국 고도 성장기 동안 개발의 광풍을 피해 간 곳이기도 하다. 그래서 더 마음이 끌리는 공간이기도 하다.

　이 책에서는 '현재'의 DMZ와 '현재'의 접경지역 이야기를 충실히 담으려고 했다. 필자가 직접 겪고, 직접 본 것들을 이야기했다. 과거에서 이어져 온 현재의 모습을 서술했고, 미래의 변화를 조심스레 꿈꿔 보았다.

남과 북의 분단 70년 동안 많은 변화가 있었지만 변하지 않은 것도 많았다. DMZ가 그렇고, 접경지가 그렇다. 그 안에 우리가 자세히 보지 못했던 보물들이 가득할 것이란 생각이 든다. 자연의 '보물 상자'가 있을 법한 곳을 찾는다면 DMZ가 가장 근접한 곳이 아닐까 하는 생각을 해 보았다. 이 책의 독자들도 그런 희망 가득한 의미들로 DMZ와 접경지를 바라보았으면 좋겠다. 그리고 더 자유롭게 그 공간들을 오고갈 수 있는 날들을 다같이 희망해 보면 좋겠다.

　어려움의 반복 속에서도 이 책을 출간하는 과정에 큰 도움을 주신 모든 분들에게 진심으로 깊은 감사를 드린다.

2020년 합동참모본부 '지뢰매설 추정치 및 접경지역·후방 지역 지뢰제거 작전 통계' 자료

https://dmz.go.kr/ 행정안전부 디엠지기

국립생태원 [생태지식채널NIE] DMZ 특별한 생태계의 탄생

국립생태원 보도자료 〈2018년 06월 14일 DMZ에 멸종 위기종 101종 포함 야생생물 5929종 서식〉

강원대학교 DMZ HEIP센터 http://www.dmzhelp.or.kr/

유네스코 한탄강지질공원 http://www.hantangeopark.kr/

한탄강지질공원 https://blog.naver.com/hantangeopark

강원생태평화 생물권보전지역 https://sum.inje.go.kr/

유네스코 세계생물권보전지역 MAB한국위원회 http://www.unescomab.or.kr

통일연구원 접경지역 설문조사(2021년 10월)

통계청 2020년 인구 수 및 산업체 수

강원도청 평화지역 군장병 우대업소 현황

강원도 철원군청, 인제군청, 양구군청, 화천군청, 고성군청 홈페이지

연천군청, 옹진군청, 김포시청, 파주시청, 강화군청 홈페이지

강원도 철원군청 신사업 육성, 플라즈마 산업

RIG브리프_제12호_강원도 평화지역의 국방개혁 이슈와 상생협력 방안

강원연구원 2016_정책_강원도 핵심규제 진단과 전략적 추진과제

경기연구원 정책연구 2019~56 한반도 신경제 구상과 경기 북부 접경지역 발전 전략

행정안전부 211018 보도자료 〈인구감소지역 89곳 지정 지방 살리기 본격 나선다〉

행정안전부 접경지역 발전종합계획 2011

히스토리 톡톡 현대, 휘슬러출판사

국가 생물 다양성 정보공유체계 https://www.kbr.go.kr/index.do

국제자연보존연맹 https://www.iucn.org/

인제군 대암산 용늪 http://sum.inje.go.kr/

DMZ평화의 길 두루누비 https://www.durunubi.kr/

ICBL- International Campaign to Ban Landmines http://www.icbl.org/en-gb/home.aspx

사단법인 평화나눔회 http://www.psakorea.org/main/index.html 6·25전쟁 이후 지뢰 불발탄 피해자 전수조사 결과

부록

**통일을 위한
몸짓들**

우리가 경험한 작은 통일

DMZ 산불 진화

최전방 주민들은 DMZ에서의 산불 발생에 큰 불안을 가지고 있다. 강한 바람을 타고 불길이 민가까지 내려올 수 있다는 걱정과 주둔 군부대의 탄약고 폭발 위험 때문이다. 또 소중한 DMZ 자연이 큰불에 순식간에 사라질 수도 있기 때문이다. 위협적인 DMZ 산불을 끄는 과정에서 작은 평화 사례가 있다.

2018년 11월 4일 오후 1시쯤 DMZ 내 산불이 발생했다. 바람을 타고 불길이 계속 확산되자 군과 산림당국에 비상이 걸렸다. 이에 해당 부대는 합동참모본부에 산불 발생을 보고했고, 합동참모본부는 국방부에 DMZ 내 산불 진화 헬기 투입을 요청했다. 이후 국방부는 산불 진화 헬기가 동부지구 DMZ 내 비행 금지 구역으로 진입할 것임을 알리는 통지문을 북측에 발송했다.

유엔군사령부는 군사정전위원회 직통 전화를 이용해 별도의 통지문을 북한군 일직 장교에게 발송한 것으로 전해졌다. 이에 북측은 국방부와 유엔사의 통지문 발송에 관해 "귀측의 통지문을 잘 받았다."며 답신 통지문을 각각 보내왔다고 국방부는 전했다.

남북 군사합의서에 따르면 헬기는 군사분계선(MDL)으로부터 10km 이상을 비행해서는 안 된다. 다만, 산불 진화, 조난 구조, 환자 후송, 기상 관측, 영농 지원 등 제한된 경우에 비행기 투입이 필요하면 상대측에 사전 통보하고 비행할 수 있다. 국방부는 이 예외 규정에 따라 북측에 통지문을 발송하고 산불 진화 헬기를 띄운 것이다. 산림청 소속 산불 진화 헬기 2대가 제1야전군사령부의 통제 아래 DMZ로 진입해 10여 차례 산불 지점에 물을 뿌렸다. 긴박한 남과 북의 협조 아래 산불은 진화됐다.

화살머리고지 남북 지휘관 악수

2018년 11월 22일, 6·25전쟁의 격전지였던 강원도 철원 화살머리고지에서 남과 북 군인들이 악수했다. 6·25전쟁 전사자 공동 유해 발굴의 원활한 추진을 위해 강원도 철원 화살머리고지 일대, MDL 인근에서 남북 도로 개설을 추진하다가 만난 것이다. 정전 상태의 군인들이 총을 겨누지 않고 간단한 인사말로 악수한 것은 역사적 기록이다. 긴장과 대립의 공간에 나타난 화합의 만남은 평화의 가능성을 말해 준다. 경계 대신 평화가 싹트고 있다.

평창 동계올림픽

변화하는 한반도의 평화를 이야기하는 또 다른 사례로 2018년 2월 강원도 평창 등에서 열린 평창 동계올림픽을 들 수 있다.

개막식에서 남과 북 선수단은 한반도기를 들고 공동 입장했다. 휴전 상태에 놓인 긴장감이 아닌 선의의 경쟁과 협력을 다지는 장면이었다. 현장에서, 또 TV 화면 앞에서 대한민국에서 개최되는 올림픽의 첫 발걸음에 남북 선수들이 서로 웃고, 손을 맞잡으며 스포츠 정신인 '페어플레이'를 다짐하는 모습을 볼 수 있었다.

이렇듯 분단 이후 순간순간 스쳐 지나가는 수많은 작은 평화의 몸짓들이 통일을 위한 희망적 일들로 쌓여가고 있음을 실감하게 한다.

개성공단

개성공단에서는 매일매일 작은 통일이 이어졌다. 남과 북의 경제 협력은 전하는 의미가 크다. 개성공단은 경기도 개성시 봉돌리 일대 9만 3,000㎡ 면적에 만들어진 공업단지다. 2000년 6·15 공동선언 이후 남북 경제 협력 사업의 하나로 추진되었다. 2007년부터 본격적으로 운영되기 시작한 개성공단은 남북 경제 협력의 실험이자 획기적인 변화였다.

개성공단은 남북 관계의 변화에 따라 부침을 겪기도 했지만, 섬유 봉제 17개 기업 모집에 500개 업체가 몰리는 등 기업들의 입주 행렬도 이어졌다. 분단의 경계에서 개성공단은 평화와 소통의 상징이었다. 한반도의 미래 모습을 상징적으로 보여주는 특별한 공간이었다.

개성공단의 기업들이 가동되는 순간마다 남한과 북한이 대화하고, 협의하고, 해결책을 마련하고, 서로의 불편을 줄이기 위해 노력하고, 도와주고, 함께 음식을 먹고, 아픔을 위로하며 간격을 좁혀 갔다.

더욱더 놀라운 것은 개성공단의 경제적 효과였다. 개성공단에 입주한 남한의 기업은 2016년 당시 124개 업체가 가동되고 있었다. 여기에 협력업체를 더하면 5천여 개에 이른다. 이곳에서 창출하는 고용은 10만 명을 넘었다.

이처럼 개성공단의 납북 협력은 새로운 경제 대안으로 주목됐지만 아쉽게도 2016년 2월 폐쇄된 이후 닫힌 문이 열리지 않고 있다. 개성공단의 재개를 꿈꾸는 것은 경제적 효과뿐만 아니라 다시 작은 통일의 기적을 매일매일 만들어 가기를 염원하기 때문이기도 하다.

철원 평화산업단지

개성공단의 반대 개념 산업단지도 있다. 철원 평화산업단지이다.

강원도와 철원군은 2005년부터 철원 평화산업단지 조성을 계획했다. 민통선 안쪽인 철원군 철원읍 대마리와 중세리 일대에 3,000m^2 규모의 국가산업단지를 조성·운영하자는 계획이다. 이 대상지는 벼농사가 이뤄지고 있는 민통선 내 농경지가 대부분이다.

철원 평화산업단지의 필요 인력 중 북측 노동자 출·퇴근과 산업단지 내 기숙사 생활을 제공한다면 제2의 개성공단 역할을 기대할 수 있다는 구상이었다. 남한의 자본과 북한의 고급 노동력의 결합으로 한반도의 산업 경쟁력을 높이고, 남북 통일에 대비하는 산업 거점으로 키우자는 의도였다.

하지만 철원 평화산업단지는 실현되지 않고 있다. 여전히 계획에 머물고 있는 것이다. 그래도 이러한 청사진이 우리에게 평화와 화합, 동반 성장의 디딤돌이 될 수 있다. 특히 남과 북의 접경지역에서 할 수 있는 평화의 노력이라는 측면에서 의미를 지닌다고 볼 수 있다.

우리는 분단 70년에 너무도 익숙해져 있다. 이제 우리는 접경지역을 적대와 단절의 공간에서 화해와 통합의 공간으로 바꾸어야 한다. 과거 접경지역은 개성공단과 금강산 관광, 남북 연결 도로와 철도 개설 등으로 평화 정착으로 한 걸음 나아간 경험이 있다. 이러한 경험을 활용하여 접경지약에 새로운 역할을 부여할 수 있다.

통일 한반도의 미래가 우리 앞에 현실로 다가왔을 때 접경지역의 역할이 매우 중요하다는 것을 스스로 느껴야 한다. 접경지역이 DMZ와 함께 화해와 평화의 상징이 될 수 있도록, 통일의 길목이 될 수 있도록 준비해야 할 것이다.

동해북부선 강릉-제진 구간 착공

동해북부선은 분단으로 폐지된 열차 길이다. 폐지된 한반도 평화의 길 '동해북부선'을 복원하는 사업이 55년 만인 2022년 시작됐다. 동해북부선은 1937년 개통해 남한의 삼척에서 강릉, 고성 제진, 북한 안변까지 잇는 철도였다. 하지만 분단으로 1967년 노선이 폐지됐다. 하지만 4·27 남북판문점선언과 9·19 평양공동선언에서의 합의를 통해 총 112km의 남쪽 동해북부선 연결 사업이 시작되었다. 동해북부선이 연결되면 강원권 관광 산업이 크게 활성화될 것이라는 전망이 나오고 있다. 또 북한과의 관광 협력 재개 기반이 마련되고, 남과 북의 협력이 활성화되면 환동해권 에너지·자원 수송 벨트가 실현될 잠재력을 갖추는 것이다.

실제 동해북부선 열차가 운행을 시작한다면 '평화의 기적소리'가 될 것이다.

세계 접경지역 현황

세계 곳곳에는 우리나라 DMZ와 비슷한 접경지역들이 있다. 대표적인 곳이 홍콩과 중국 선전(深圳, 심천), 구 동독·서독 간 국경 지역인 그뤼네스반트, 싱가포르-조호르-리아우, 미국과 멕시코 접경지역 등이다.

이들 세계 접경지역은 성공적인 협력으로 평화적인 관계를 유지하는 사례들로 알려져 있다. '갈등' 대신 '협력'을 택하고 서로의 발전을 위해 노력하는 해외 접경지역 사례를 통해 우리의 나아갈 길을 가늠해 볼 수 있을 것이다.

홍콩-중국 선전(심천) 경제특구

중국은 개혁 개방 정책에 따라 홍콩 접경지역에 선전경제특구를 지정했다. 홍콩을 통한 기술 이전과 외자 유치의 실험 무대로 활용했다. 홍콩도 제조업을 선전 특구로 이전해 지속적인 경쟁력을 확보하고 무역·금융·관광 서비스업 중심 지역으로 성장할 수 있었다. 최첨단 기술이 실시간으로 접목되면서 빠른 경제 성장과 변화를 체감할 수 있는 곳이다. 현재 중국 선전에 가면 많은 외국인들이 다니는 모습을 쉽게 볼 수 있다. 우리나라 중소 규모 기업체들도 이곳에 들어와 제조와 무역 활동에 참가하고 있다.

구 동·서독 간 국경 지역 그뤼네스반트

그뤼네스반트는 '녹색 띠'를 뜻하는 독일어이다. 동독과 서독의 통일 이후 경계가 되던 곳이 자연 그대로 보존돼 있는 곳을 말한다. 독일 통일 이후 이곳은 특별한 자연보호구역으로 관리되면서 독일 통일의 상징이 되고 있다.
동·서독 간 국경선은 총 1,393km로, 사람의 통행이 금지된 지역이었기에 많은 희귀 동·식물의 서식처가 되었다. 동서독은 이 지역을 보전하기 위해 통일 직후 '그뤼네스반트' 사업을 시작했다. 그리하여 통일 후 수십 년이 지난 지금도 구 접경지역의 생태 자원은 크게 훼손되지 않고 보전되어, 지역 발전 협력의 장이 되고 있다.

싱가포르-조호르-리아우 성장 삼각형

'성장 삼각형'은 싱가포르의 산업 구조 고도화를 위해 말레이시아의 조호르 주, 인도네시아의 바탐섬 및 리아우 지역을 중심으로 이루어진 정책이다. 이를 통해 서로 다른 자원을 가진 세 국가가 연계하여 지역의 경제 성장률 상승과 무역 잠재력을 높이고 있다. 과거에는 싱가포르와 인도네시아 사이의 관계가 좋지 않았지만 양국의 경제 성장을 위해 협력에 나서고 있다.

미국-멕시코 '마낄라도라' 프로그램

'마낄라도라' 프로그램은 1965년부터 멕시코 국경 지역에서 멕시코의 노동력을 이용하여 가공·재수출하는 기업에게 무관세 혜택을 주는 제도이다. 고용 창출과 세금 감면, 외화 획득을 통한 무역 수지 개선의 목적으로 제정됐다. 이를 통해 멕시코의 미국 접경지역은 1인당 GNP가 수도권을 추월할 정도로 발전할 수 있었다. 오늘날 미국에 대한 멕시코 수출의 상당 부분은 마낄라도라 업종에서 담당하고 있다.